U0009226

翻轉學

翻轉學

高效努力

建構出線思維，打造能一直贏的心理資本

EFFICIENT EFFORT

宋曉東／著

CONTENTS

第2章 讓努力兌換價值

第3章 成功必備軟實力

第4章 發揮優勢不平庸

第5章 自律才會有自由

第6章 心理強大才能贏

自序

那些心血來潮的努力，並不一定會有美好的結局

讓我來為你講個故事，這個故事來自一部日本電影《百元之戀》。

有一位姑娘，名叫一子。她三十二歲，單身，相貌普通得像一碗白開水，每天過著非常頹廢的生活，從來都不打扮自己。她是人們口中標準的「廢柴」，整天窩在家裡玩遊戲。她還是一個啃老族，靠著母親和姐姐開小吃店賺取的微薄收入苟且活著。

有一天，一子和她的姐姐因為一件小事大打出手。姐姐嫌她整日窩在家裡不思進取，而一子也受不了姐姐的尖酸刻薄。最終，在這場衝突之後，一子從家裡搬了出去，到一家便利超商做收銀員。

做了收銀員之後，一子的生活彷彿慢慢有所好轉。她開始能夠自己養活自己，同時也跟一直暗戀的一個打拳擊的男子開始約會。

然而，這些好轉的跡象並沒有阻礙厄運的來臨。沒過多久，她被超商的同事強姦了。接下來，她的男友也拋棄了她。一子的生活，又重新回到了谷底。

面對生活中一次又一次的打擊，一子產生了練拳擊的念頭。她渴望透過拳擊釋放自己內心的壓抑和怨恨。

她想要贏，哪怕只有一次。於是她紮起了頭髮，開始拚命地練習拳擊。甚至在買菜的路上，她都在忘我地練習拳擊步伐。經過長時間的刻苦訓練，一子不僅減掉了一身的贅肉，渾身充滿了鬥志，而且還練就了一記漂亮的左鉤拳。

這還不夠，雖然教練一百個不願意，不過一子還是堅持要去參加職業拳擊比賽。後來她終於如願參加，對手是一名身經百戰的女拳擊手。

暫停一下，問你個問題：「你覺得一子會戰勝這名厲害的拳擊手嗎？」

在那些散發著濃濃雞湯味的電影腳本當中，一子應該可以戰勝這名身經百戰的拳擊手，因為她已經相當努力了啊！勵志故事的套路不就是這樣嗎？努力之後就一定會有收穫。

然而，故事的結局非常真實且殘酷——在那場拳擊比賽中，一子被打得落花流水、鼻青臉腫，甚至吐血，幾乎毫無還手之力。就這樣，一子結束了她的第一場，也是最後一場拳擊比賽。

比賽結束之後，一子的前男友過來看她。一子抱著他大哭了一場，她說：「比賽輸了，但是好想贏啊……好想贏啊，哪怕只有一次。」

這句話道出了多少生活在社會底層，卻依然堅持奮鬥的人們的心聲。只不過，在現實生活中，「贏」不是一件容易的事情。也就是說，那些心血來潮的努力，並不一定都會有美好的結局。

記得讀研究生的時候，我曾經心血來潮，準備考一張高級口譯證書玩玩。上海的高級口譯證書屬於含金量比較高的證書，及格率很低，我想挑戰一下自己。

第一次筆試，我幾乎沒怎麼複習，結果慘遭滑鐵盧。第二次筆試，我花了很大的力氣，終於通過筆試，獲得了第二輪口試的資格。為了準備那次口試，我用盡全身力氣，那幾乎是我研究生期間除了寫畢業論文之外，學習最努力的一次。

我把自己關在宿舍裡，除了吃飯幾乎都不出去，一個人一遍又一遍地練習著口譯試題。那段時間不巧還感冒了，於是我就一邊擦著鼻涕，一邊複習。這場面真感人啊，我自己都被自己感動了。只不過，那一次的口譯考試還是失敗了。

考試當天我表現得很緊張，我發現自己其實很抵觸做口譯，心想：「為什麼非得像一個傳話筒一樣，把別人說的話一字不落地翻譯出來？」

這根本就和我的職業興趣截然相反啊！我是那種做事情討厭一板一眼的人，而我所擅長的是發散性思維。所以當我做口譯的時候，會感覺很吃力。相反地，當我需要就某個主題做一番演講的時候，卻會瞬間激情滿滿，享受其中。

想通這個道理之後，我放棄了剩下的三次口譯補考機會，因為我想把時間用在更加值得努力的地方。

後來，我遵從自己的興趣，下定決心將心理學當成自己努力的方向。幾年下來，我出版了兩本心理學著作，寫了上百篇專欄文章。我還會繼續在這個領域不斷努力。

蘇格拉底曾說：「未經審視的生活是不值得過的。」贏可不是一件「只要隨便選個目標，然後付出一些努力，最後就一定能夠成功」的事情。贏，其實是一個系統工程。它不僅需要努力拚搏的精神，還需要一整套高效努力的方法。

具體來說，首先你需要拚盡全力，這是最基礎的一件事。除此之外，你還需要掌握高效的方法以及具備軟實力，盡情地發揮自己的優勢，具有強大的自律精神，擁有過硬的心理素質，從而讓努力產生更大的價值，為我們的生活帶來真正的改變。

在這本有關努力方法論的書中，共分成六章講解如何透過高效的努力，來化解職場和生活中常會面對的壓力，進而實現人生價值。

第一章「拚盡全力才有戲」，主要是透過我身邊的一些奮鬥故事和現實案例，從心理學的視角切入，說明努力的價值和意義，以及幫助讀者鼓起奮鬥的勇氣。

第二章「讓努力兌換價值」和第三章「成功必備軟實力」，從自我管理的觀點，為正在奮鬥的人們提供一系列靠譜的努力方法及奮鬥方向，避免陷入「越忙越窮」的尷尬境地。這兩章涵蓋了職業生涯規劃的科學理念、高效學習和工作的方法、提升自我價值的靠譜思路、人際交往的實用技巧、思維方式的不斷升級等乾貨內容。

第四章「發揮優勢不平庸」則從正向心理學的角度著手，強調在工作或生活中「發揮優勢」的重要性。當一個人能夠發揮優勢的時候，便是這個人離真實自我最近的時候。不僅會使人產生超強的存在感，還會擁有前進的動力，最終實現幸福生活之目標。

第五章「自律才會有自由」，主要從心理學層面挖掘導致無法自控的原因，透過講解自律的重要性以及自律的實用方法，來為奮鬥的歷程保駕護航。

第六章「心理強大才能贏」，講解如何應對奮鬥路上產生的消極情緒，進而透過有效的自我激勵讓自己重新煥發活力。

在《人生的長尾效應》（*The Long View: Career Strategies to Start Strong, Reach High, and Go Far*）這本書中，作者布萊恩．費思桐（Brian Fetherstonhaugh）意外地發現，大多數人在努力的時候，都走在錯誤的道路上：「（很多人）將過多的注意力放在近在眼前的下一步上，而不是整條路徑。人們大多將職業生涯當成一場短跑比賽。然而，實際上這是一場至少長達四十五年的馬拉松。他們更關心下週二的升職加薪，而不是在真正重要時，也就是四五十歲的時候擁有更好的選擇。」

俗話說，工欲善其事，必先利其器。太過急功近利，很容易導致前功盡棄。既然一個人的職業生涯如此漫長，何不拿出一點時間來提升自己，多去學習一些方法論層面的知識，避免讓低效的努力蹉跎了美好的青春。

願這本書，能夠讓你的努力如虎添翼，讓你的奮鬥更有意義。

第1章
拼盡全力才有戲

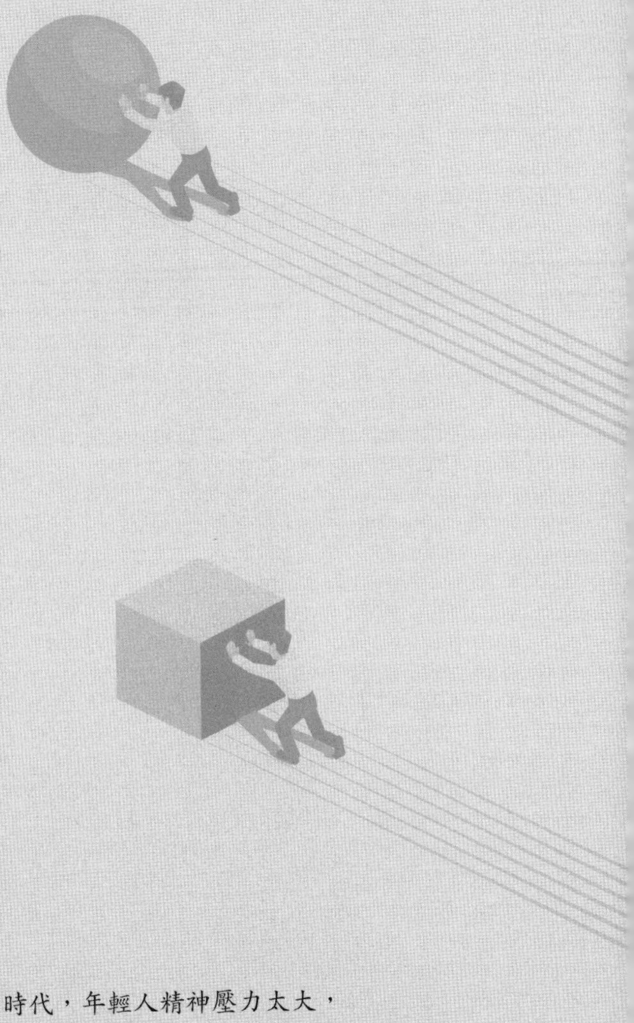

很多人都在抱怨這個時代，年輕人精神壓力太大，競爭太殘酷，但是這些不應該成為我們逃避現實的藉口。關鍵在於，你是否願意為自己的夢想拚盡全力，然後看看生命能為你帶來何種驚喜。

生活壓力這麼大，再不積極就更加沒戲了

前一段時間，因為家裡換車的關係，我去了很多家汽車4S店[1]，和不少汽車銷售員產生了交集。

我曾遇過比較執著的銷售員，連續幾天下午在同一個時間打電話給我，提醒我不要錯過4S店正在舉行的某一場汽車促銷活動；我也遇過比較暖心的銷售員，自從加了微信好友之後，每隔幾天就會發來溫馨提醒：「奮鬥的路上，別忘記好好愛惜自己。」「立秋了，養生方面你應當注意這六個問題……。」

還有一次，我和家人去看車，外頭下著雨。一位銷售員透過玻璃看到我們之後，立刻拿著傘出來迎接。結束後，還打著傘送我們出來。我感到受寵若驚，走出門的時候一激動，把頭撞在了明亮的玻璃上。

在和汽車銷售員打交道的過程中，我了解到這項職業的艱辛。每週、每月的銷售業績排名和考核，為每個人戴上了無形的枷鎖。

業績不好的銷售員，只能拿到基礎底薪，心急的人幹不了多長時間就會跳槽，轉去做其他行業。而業績優秀的銷售員也要承受巨大的競爭壓力，比方說，在網路上我看到一名銷售員如此吐露自己的心聲：「我們的奮鬥，每個月都要從零開始。不管你上個月的銷售

業績有多麼優秀，月底最後一天，這些輝煌都會隨之而去。月初的第一天，挑戰又會重新開始。」

雖然汽車銷售算是一個高壓力的行業，但是在和不同的銷售員打交道的過程中，會發現他們表現出完全不同的心態：有的人積極進取，有的人則被動消極。

在某家汽車4S店，我曾遇見兩個風格截然不同的汽車銷售員。有一天我去看車，在展廳裡對著一輛心儀的汽車看了很久，但是遲遲沒有銷售員前來介紹。我有點急了，於是就直接走到櫃台去說：「我想買車，能不能請個人幫忙介紹一下。」

這個時候，銷售員A先生走上前來，他上下打量了我一下，然後慢吞吞地走到我看中的那款汽車旁。我問了幾個在意的問題，他極其寡言。我便心想，看來這是一位非常沉穩的汽車銷售員。

後來，A先生打斷了我的提問，反問我兩個問題：「第一，你買車的預算是多少？第二，準備什麼時間買車？」

我如實地回答了他的問題，當我說到準備年底才買車的時候，我發現他瞬間顯露出不耐

1　4S店：指結合了整車銷售（Sale）、零配件（Sparepart）、售後服務（Service）以及訊息反饋（Survey）四項服務的汽車特許經營模式。

煩的表情，彷彿在說：「年底才買，提前好幾個月過來看車，現在是在逗我玩嗎？」

事實證明，我猜得沒錯。因為當我準備再次詢問A先生的時候，才一轉眼的功夫，A先生已經消失了。沒錯，他什麼也沒說就走了。家人感覺這位銷售員的態度實在太差，想要拉著我趕快離開這家4S店，換另外一個品牌看看。

我不甘心，覺得僅僅因為銷售員態度不好就放棄喜歡的車實在可惜，於是我再次來到櫃台，詢問是否還有其他銷售員可以幫忙介紹一下。這個時候，銷售員B小姐閃亮出場了。

「請問你們是第一次來店裡看車嗎？」B小姐一上來就熱情洋溢。

「是的。」我回答道。

「那您先坐一下，我給你們倒點水喝。」B小姐說完，就忙著去倒水。

倒好水後，B小姐坐了下來，非常專業且週到地介紹了我心儀的那款車型。

我因為經常泡論壇看汽車資訊，所以準備了很多問題。對於我提出的每一個問題，B小姐都非常認真且詳細地做了解答。

接著，B小姐又為我們安排了試乘。當我戰戰兢兢地提出，我們可能要再過幾個月，也就是年底才換車的時候，B小姐沒有做出任何急功近利的舉動，也沒有流露出失望的表情。她依舊笑著對我說：「沒關係的，等您想買車的時候再來找我就好。雖然我是在賣汽車，但我同時也是在交朋友，很多從我這兒買車的人，到現在都還保持著聯繫呢。」

B小姐的這幾句話，讓人特別有安全感。因為消費者最擔心的就是一旦繳費提車，銷售員就不再搭理，後續服務也沒保障了。

我和家人都非常滿意B小姐的服務態度，後來湊了湊錢，一周之後就從B小姐那兒把車買了。提車的時候，我恰巧碰到了銷售員A先生。從他的臉上，我看到了驚訝的表情。當時他正不冷不熱地為另一位客戶介紹車，我們就在他隔壁的桌子上，辦理了購車手續。

買車的過程中我發現，優秀的汽車銷售員和優秀的心理諮詢師有個非常相似的特點，那就是他們並不會急著去說服對方，而是先努力和對方建立良好的人際關係。

一旦建立了良好的人際關係之後，無論你是想要賣車，還是想要拯救一個脆弱的心靈，都能更順利地達到目的。

作為一個正向心理學的愛好者，其實我更關注當汽車銷售員在面對巨大績效壓力時，他們會選擇何種心態來面對。

在正向心理學之父馬丁．塞利格曼（Martin Seligman）的著作《學習樂觀．樂觀學習》（*Learned Optimism*）一書中，他提到了在壓力之下保持樂觀心態的重要性。

他透過一項大規模的研究發現，樂觀的業務員，最初兩年的銷售業績會比悲觀的業務員多出三七％；而前一〇％樂觀銷售員的業績，要比後一〇％悲觀銷售員的業績多出八八％。

天哪，發現了嗎？決定銷售員業績的竟然不是智商是否夠高、教育背景是否夠好、樣貌是否出眾，而是他在面對壓力的時候，能否採取積極樂觀的心態。

當你被上一位客戶否定，沒有談成生意的時候，你是否會用笑臉去接待下一位顧客？在你費盡九牛二虎之力向客戶推銷一款產品之後，沒想到他卻轉身去另外一家商店購買商品，這時，你是否仍然相信「越努力，越幸運」的人生哲理？如果以上兩個答案都是肯定的，那麼你就更容易成為生活的強者。

在辦理購車手續時，我恰巧經過銷售員休息室，看到裡面有幾個銷售員正在沙發上「葛優躺」[2]，他們抽著菸、玩著手機，和在我身邊忙東忙西的B小姐形成了鮮明的對比。

我問B小姐：「妳是這裡業績最好的銷售員嗎？」B小姐一邊微笑，一邊謙虛地說：「反正從來都不是墊底的。」

買完車之後的那段日子裡，當我在工作中碰到各式各樣的壓力時，我會借助B小姐散發出的那股積極樂觀勁兒來激勵自己。其實在像上海這樣的大城市裡，每個人都背負著很大的生活壓力，如果沒有積極的心態，真的很難立足。

其實這也揭示了一個顯而易見的道理：生活壓力這麼大，再不積極就更加沒戲了。

等看到希望再去努力，就晚了

某天晚上，兩名已經畢業的學生回學校找我聊天。其中一名學生曾經上過我的課，畢業後我們一直在微信上保持聯繫。

寒暄了幾句之後，這名學生就開始表達他對未來的焦慮。

他告訴我：「老師，像我現在從事的機械行業，就是再做上兩年，一個月最多也就賺個七千塊錢。想換一份更賺錢的工作，又不知道如何去找。上海房價這麼高，真是看不到未來的希望啊。」

我能夠理解學生的這種焦慮心情。一方面，他想多賺點錢，好早日買間房子，過上幸福的生活。另一方面，他目前從事的工作，沒有辦法讓他立即實現自己的目標。

這種迷茫的狀態，確實讓人焦慮；這種看不到希望的生活，也很容易讓人止步不前。

然而，我想告訴學生的是，在很多時候，我們不能等到看到希望之後再去奮鬥，而是應當努力奮鬥，才能看到希望。

---

2 葛優躺：是指演員葛優在戲劇《我愛我家》中癱坐在沙發上的姿勢，表現出一副「生無可戀」的樣子。

我的大學學妹楊小米剛來上海的時候，在一家培訓機構工作，月薪只有三千元。我想，那時她也一定有感到悲觀和失望的時候。不過她堅信，只有努力奮鬥，才能看到希望。

於是她一邊工作，一邊利用自己的私人時間參加各種培訓，提升自己。甚至把自己的成長心得寫成文章，放在自己的訂閱號上，堅持日更。每一個字，她都寫得特別用心；每一篇文章，她都動了真情；每一次閱讀，都會帶給讀者實實在在的價值。連我的老媽，都成了楊小米的粉絲。我媽說：「讀小米的文章，有一種欲罷不能的感覺，因為她寫得很接地氣。」

很多人說，訂閱號現在開得太多，競爭太激烈了。但是她的訂閱號粉絲數，卻一直「噌噌」地往上漲，目前她的訂閱號已經有將近四十萬的粉絲了。最後她終於憑著自己的努力，貸款在上海市區買了一間房子。要知道，上海的房價可不低啊。

偶爾感到迷茫，看不到生活的希望，其實是人生常態。

在這個世界上，很少有人可以直接為你指出一條明路，告訴你只要順著這條道路走下去，你就一定可以成功，過上幸福的日子。大多數的情況，是你需要去探索、決定哪一條職業道路更加適合自己。

職業心理學專家舒伯曾提出著名的職業生涯發展階段理論，將一個人一生的職業生涯劃分為五個階段，分別是：成長期、探索期、建立期、維持期和卸任期。

根據該理論，每個人都無可避免地要經歷一個職業生涯探索期（十五至二十四歲）。在這個探索期內，每個人都要進行自我試探、角色探索以及職業探索。只有經歷過努力探索和不斷嘗試的人，才能發展出一個符合現實的自我概念以及明確的職業偏好。否則，就很容易繼續迷茫下去。

處於職業探索期的人們，很容易看不到未來的希望。儘管如此，我們依然要努力奮鬥、依然要不停地去試錯，堅持不斷地提升自己。奮鬥著、奮鬥著，我們可能就會慢慢看到希望了。如果非要等看到希望之後再去奮鬥，很可能就已經晚了。

我的一位好朋友 Jack，是一所著名大學的碩士畢業生。他在一家國企工作，工作內容並沒有太大的挑戰性，基本上每天就是做一些低層次的重複性勞動，包括收發資訊，進行一些簡單的數據統計等等。

這種生活讓他無法看到希望，即便他想要謀求改變，卻不知道未來的路要怎麼走。不過他生性倔強，不甘平庸。剛開始的時候，他也不知道該從哪裡做起，於是他就下死功夫堅持做好三件事：多讀書、多鍛鍊、多試錯。

後來每次和他聊天時，他常會旁徵博引，我馬上就知道他最近又讀了很多書。每次翻看朋友圈的時候，都會看到他每天發文記錄自己跑步的圈數，我就知道他一直在持續鍛鍊身體。此外，他也一直試著走出自己的舒適圈，努力去接觸不同的圈子，不斷進行低成本的試錯。週末的時候，他還經常以實習生的身份去參與各種互聯網創業專案。

坦白說，一開始我對 Jack 的做法並不是特別有信心，認為他好像一隻到處亂撞的無頭蒼蠅。直到有一天他興奮地告訴我，有一家很棒的互聯網公司盛情邀請他加盟，而且開出的年薪相當令人稱羨。

聽到這個消息，我非常吃驚。為什麼互聯網公司會相中在國企工作的 Jack呢？

原來，一個偶然的機會，這家互聯網公司的經理加了 Jack 的微信。經理每天都看到 Jack 在朋友圈中不斷分享新觀點，又看到他一直持續鍛鍊，所以經理對他的學習能力和毅力非常欣賞。

這時，Jack 又主動提出利用空餘時間到對方的公司，去做一些不計報酬的實習工作。幾番接觸下來，這位經理被 Jack 展現出來的學習能力和敢拚敢闖的精神所征服，最終向 Jack 伸出了橄欖枝。而我的朋友 Jack，也成功地轉型為互聯網精英。

Jack 的案例具有很強的現實意義，因為它給我們一個啟示——當我們看不到未來時，至少可以從三件事情入手，也就是多讀書、多鍛鍊、多試錯。

多讀書是為了武裝自己的大腦，多鍛鍊是為了強健自己的體魄，多試錯是為自己贏得更多的成功可能性。

台灣著名生涯諮詢專家金樹人教授，在《生涯諮商與輔導》一書中曾經說過一句非常經典的話：「一個人若是看不到未來，就掌握不了現在；一個人若是掌握不了現在，就看不到未來。」

我個人更喜歡後半句話。因為對許多人來說，假如能夠看到未來，那麼「掌握好現在」並不是一件很難的事情。難就難在，當你看不到未來的時候，是否依然能夠堅持奮鬥下去。

「不要等到看到希望之後，再去奮鬥。只有努力奮鬥，才能看到希望。」當我把這句話分享給一位正處於人生低潮期的朋友時，她的眼睛一亮，然後告訴我：「嗯，沒錯，確實就是這個道理。」

你必須拚盡全力，才配享有心流體驗

有一次，我受邀參加一場HR主題的沙龍活動。活動的主要環節，就是由我為來自不同公司的二十位HR和職場精英，做一場如何提升職場情商的主題分享。

考慮到這場活動可以認識很多HR，也可以了解不少行業知識，或許對我指導學生求職和就業會有所幫助，我便愉快地接受了邀請。

但是不得不說，要為職場精英和HR們上一堂課，我感覺自己的壓力真的很大。他們有很多都已是職場老手，有些人專門負責公司的培訓工作，還有些人本身就是公司的內訓講師。

為了做好這場長達六個小時的分享，我幾乎利用了所有的私人時間。我總共做了七十頁PPT，在短短的幾天內修改完善了三種版本。為了增強互動性，我還用心設計了很多課堂討論和案例研討環節。

為確保萬無一失，我還寫下了三萬多字的逐字稿，諸如開場的時候應該說哪些話，結束的時候應該說哪些話，我都一字不漏地寫了下來。為了完成這項工作，我甚至連續好幾天都沒時間關注朋友圈。當做完上述準備工作之後，我感到既緊張，又興奮。對我來說，這通常是一個好兆頭。

活動當天在開場的時候，我感覺有些緊張。我覺察到自己的語速有點快，聲音有些顫抖，動作有些僵硬，不是很放得開。好在之前準備得很充分，沒有太大的失誤。隨著課程的不斷深入，我感覺自己漸入佳境，聽課的學員也變得非常投入，我開始享受上課的過程。我明白地感覺到，自己已經獲得了「心流體驗」。

所謂心流體驗（Flow，或譯為福流），是指一個人將精神完全投注在某種活動上時，所產生的一種行雲流水、身心合一的感覺。當心流體驗產生的時候，人會呈現一種忘我的狀態。

當然，這種美妙的體驗可不是隨隨便便就能產生的。在《生命的心流》（*Finding flow: the psychology of engagement with everyday life*）一書中，作者米哈里．奇克森特米海伊（Mihaly Csikszentmihalyi）明確地指出：「在目標明確，能夠得到及時回饋，並且挑戰與能力相當的情況下，人的注意力會開始凝聚，逐漸進入心無旁騖的（心流體驗）狀態。」

在能夠促進心流體驗產生的要素當中，「挑戰與能力相當」這一條尤其重要。也就是說，只有當你努力提高自己的能力，使之能夠戰勝眼前挑戰的時候，才會產生心流體驗。

我努力備課，甚至寫下了三萬字的逐字稿，最終在課堂中體會到了心流體驗。在這次分享結束之後，學員也給了我很高的評價。這讓我更加強化了一個理念，那就是「你必須足夠努力，才配享有心流體驗」。

在職場上，誰不想擁有一份可以經常體會到心流體驗的工作？因為這樣的工作能讓你充分地沉浸其中，更重要的是，還會讓你感覺時間過得飛快。

那些在工作中度日如年的人，經常會說的話是：「怎麼還沒下班呢？」而那些在工作中經常體會到心流體驗的人，說的則是：「啊，這麼快就下班了？」

正如前文所述，在擁有這種心流體驗之前，我們必須付出許多努力。你不可能在自己的能力還無法勝任挑戰的時候，就輕易地獲得心流體驗。

在《生命的心流》中，作者說：「唯有不斷地投注精力，具有音樂天賦的孩子才能成為音樂家，具有數學天賦的兒童才能成為工程師或物理學家。莫札特固然是神童和天才，但要不是莫札特的父親在他脫離襁褓後逼他練習琴藝，恐怕這份才氣也很難開花結果，取得日後的成就。」

我也有很多類似的體會，比方說，當我籃球技術很差的時候，很難在籃球場上感受到心流體驗，但是隨著自身球技的進步，我就越來越容易在球場上感受到了。

又比方說，當我英語很爛的時候，我很難從與老外交流的過程中獲得心流體驗。後來隨著自己英語水準的不斷提升，就很容易獲得心流體驗了。我還發現，當我認真準備幸福課的時候，在課堂上也更加容易產生心流體驗。

說到這裡，我忽然理解為什麼很多老教師會說，當他們要開一門新課的時候，往往會感覺更加興奮。因為上一門新課，意味著不能再用以前的老教案，需要花費精力去備課，迎接新的挑戰。當這種挑戰與自身的能力相當時，令人愉悅的心流體驗便產生了。

正如米哈里所說：「使出渾身力氣攀登山峰的登山者、拿出看家本領唱歌的歌手、織出空前繁複圖案的紡織工，以及必須以新手法隨機應變手術情況的外科醫生，都最有機會獲得心流體驗。」

其實在休閒的時候，我們也需要投注足夠的努力，才能產生更多的心流體驗。我們也可以說，**只有感受到心流體驗的休閒活動，才是高品質的休閒活動，也才能起到放鬆身心的效果。**

很多人會在工作日盼望著週末到來，但是等到週末真正來臨時，卻不知道該如何運用閒置時間。他們只不過是躺在床上發呆，窩在沙發上玩手機，或者漫無目的地看著電視。其實這些都屬於被動式休閒，根本就不可能產生任何形式的心流體驗。如果長期依賴這種被動式的休閒方式，會很容易感到精神空虛，甚至覺得生活沒有絲毫意義。

想在休閒的過程中產生更多心流體驗，進而起到真正放鬆身心的效果，就要選擇主動式休閒。當然，這也意味著需要付出更多努力。在《生命的心流》這本書中，作者一針見血地指出：**「想要讓閒暇時間得到最妥善的運用，就得付出工作般的專注與才智。主動式休閒有助於個人成長，但過程卻不輕鬆。」**

很多人都明白，讀一本有趣的小說要比漫無目的地玩手機更加容易產生心流體驗。但是這種心流體驗，並不是在翻開書本的那一剎那就會馬上產生。有時候，你需要耐著性子去讀一段冗長的開頭，先了解故事背景和人物介紹，最後才有可能沉浸在扣人心弦的情節中不能自拔。

雖然說，人類的本性就是害怕努力，逃避去做困難的事情，但我們要是順著這種本性走下去，就會走向無盡的空虛。所以我們要經常提醒自己，要想得到更高級的心流體驗，就必須在休閒的時候付出更多努力。

在每個星期一下班後，我都會克服自己的惰性，換上一身運動服裝，充分做好各項熱身活動，然後去體育館打籃球。

因為我知道，如果因為怕麻煩而不去打這場球，那麼我會錯過太多的心流體驗。我也不想體驗因為不打籃球，長時間玩手機後所產生的莫可名狀的空虛感。

不要認為努力奮鬥很累，碌碌無為更累

小強和華仔是大學同班同學，住在同一間寢室裡。華仔喜歡玩網路遊戲，常常沒日沒夜地玩。這一玩，就是四年。華仔不喜歡自己所學的專業科目，對未來也感到很迷茫。

我們很難說清楚，為什麼華仔會如此癡迷於網路遊戲。有時候，華仔是為了打發無聊的時光，為了追求興奮感而玩網路遊戲。但更多的時候，他是為了逃避現實中的問題。

有時華仔會在玩完遊戲之後，感到一陣空虛。而且隨著時間流逝，這種空虛感越來越強烈。為了擺脫這種精神上的痛苦，華仔開始變本加厲地玩遊戲。然而，這種空虛感卻始終揮之不去。

心理學指出，如果一個人總是逃避問題，那麼這個人本身就會成為一個問題。

和華仔相反，小強是同學眼中的拚命三郎。不僅成績很好，還經常在各項活動中嶄露頭角。大一的時候，他透過競選當上了班長。大三的時候，小強覺得學校裡面的天地太小，於是將目光投向了校外。他開始利用課餘時間去不同的公司實習，有時忙到連週末都沒有時間休息。

小強一直覺得華仔不思進取；華仔則一直覺得小強沒必要活得這麼累。

華仔經常說的一句話是：「人生算算也就三萬天，活一天就應該快樂一天。」而小強經常說的則是：「不要讓未來的你，討厭現在的自己。」

對華仔而言，念大學時最痛苦的一件事情，莫過於被前女友拋棄。對小強來說，最痛苦的則是他一直沒能得到去名企實習的機會。

在華仔失戀的時候，小強對華仔說：「兄弟，別難過。等到你變得更加強大的時候，一定可以找到更好的女朋友。」

在小強面試名企失敗的時候，華仔對小強說：「兄弟，算了。名企招收實習生都會看學校，像我們這種二流學校的學生，是不會有機會的。」

聽了對方的一番話之後，華仔並沒有花時間讓自己變得更加強大，而是繼續玩網路遊戲；小強也沒有放棄去名企實習的念頭，繼續努力爭取。

小強覺得英語是自己的弱項，於是省吃儉用，報名英語培訓班去學商務英語。培訓班的費用很貴，一年學費就要兩萬，不過小強覺得這是對自己的投資，將來他會把錢賺回來。

在培訓班上，小強的同桌恰巧是一位在五百強工作的人力資源主管 Lisa。一來二往，Lisa 覺得小強是個有為青年，勤奮好學，值得好好栽培。

於是透過 Lisa 的推薦，小強在她的公司內部獲得了一份實習工作，小強想要進名企實習的願望終於實現了。不過小強並沒有因此滿足，他希望自己能夠透過優異的表現，在這家世界五百強留下來。小強一直無比堅信：「越努力，越幸運。」

畢業前夕，華仔變得越來越焦慮。他曾嘗試考研究所，但是複習了幾天就放棄了。對華仔來說，英語也是他的弱項，而考研究所的英語科目，始終是那道難以逾越的門檻。

華仔對未來感到越來越迷茫，應聘了幾家公司都不滿意。不是嫌薪水太低，就是嫌沒有發展前途。準確地說，因為華仔在大學裡面缺乏足夠的職業生涯探索，他根本就不知道自己能夠做什麼，或是適合做什麼。

在這段期間，華仔的父親曾打電話問他工作找得怎麼樣了，但華仔覺得父親一點都不理解自己找工作的辛苦，和父親在電話裡大吵一架。

人生是算總帳的，如果在該奮鬥的年紀選擇了安逸，那麼痛苦遲早有一天會來臨。

再看看小強。經過自己的不懈努力，在畢業前夕，他終於從那家五百強的實習生變成了正式員工，起薪稅前10K。更讓小強興奮的是，部門主管非常看重他，已經帶著他去全國各地出差、洽談專案。雖然工作很累，但是小強整個人就像打了雞血一樣。因為他知道，自己正朝著光明的前景邁進。

這時的華仔經過一番周折，勉強找到一份可以糊口的工作。雖然華仔不喜歡這份工作，但是為了養活自己，也只能將就。這份工作的薪水並不高。為了節省開支，華仔在郊區租房子，每天上下班要花費將近四個小時。

每次下班回到住處，華仔都感覺像是用盡了身上的最後一絲力氣。更痛苦的是，他每天都在熬日子，這份工作讓他看不到任何希望。華仔忽然感覺到，**肉體上的痛苦其實並不可怕，真正可怕的是，心中沒有了希望**。

上班沒多久後，老闆要華仔製作電腦試算表。華仔之前只知道如何用電腦玩遊戲，並不熟悉如何製作試算表。他花費一個上午的時間，沒能完成老闆交辦的任務。最後華仔被老闆臭罵了一頓，說他的大學白念了，還比不上一個中專畢業生。

去洗手間假裝洗臉的華仔，流下了難過的淚水。一直以來，華仔總是覺得努力奮鬥很累。直到現在他才發覺，碌碌無為更累。**因為同樣是累，努力奮鬥的那種累，是積極向上、充滿希望的。而碌碌無為的那種累，是消極被動、令人絕望的**。

最近幾年，我常感覺壓力很大。有時，這種壓力源自於還有很多房貸沒有還完；有時，壓力則源自於著急自己發展的速度太慢。

有一次，我打電話給老媽。我對老媽說：「在大城市生活真不容易，壓力總是接連不斷。有時真羨慕在公園散步的老頭、老太太，可以有大把的時間，毫無壓力地在那兒休閒。」

老媽說：「在你這個年紀的時候，我和你爸都要起早貪黑地做生意。我們每天早上三點半就起床，風雨無阻地堅持了十年，生活才逐漸好轉。兒子，三十歲就是一個拼搏的年紀，你還沒到享受的時候。等你到了我這個年紀，就可以悠閒地去散步了。」

現在努力奮鬥的確會很累，但是選擇碌碌無為，以後會更累。

那個為夢想拚盡全力的年輕人，後來怎麼樣了

有一次，我去深圳參加一個全國性的心理學大會，在機場認識了一位新朋友——Brandon老師。

我們倆之間有許多共同點，準確地說，共同點多到讓人有點難以置信。比方說，我們倆都是學心理學出身，喜歡讀同一類型的書，在微信訂閱號上幾乎關注了同一批人。還有，我們都用錘子手機。

在如此多的共同點背後，是我們倆相似的價值觀。例如我們都對現狀心有不甘，不過我們也都相信，在這樣一個時代，可以透過積極努力提升個人價值。

我們從剽悍一隻貓聊到了彭小六，再從李笑來聊到了羅振宇。我們是在機場認識的，因為深圳遇到颱風來襲，所以航班延誤了。可是我們兩個人的心情卻絲毫沒有受到影響，反倒聊得越來越投機。

心理學家阿德勒曾說：「人際關係是一切煩惱的根源，同時也是一切快樂的泉源。」他鄉遇知己，我充分享受到與人交往的巨大樂趣。因為聊得太投緣了，我索性退掉自己在深圳訂的酒店，搬到 Brandon 的酒店和他住在一起。

起初，我只是覺得和 Brandon 很聊得來。後來，隨著聊天內容的逐漸深入，我對眼前的

這個男人產生了崇拜之情。Brandon 說，大學四年期間他讀了四百本書，每本書他都認真地做了筆記。難怪和他聊天會這麼有趣，因為他的嘴裡總是能蹦出一些新鮮詞彙，例如全新思維、精益創業、社交貨幣、知識性ＩＰ等等。但最讓我感到欽佩的，則是他這個人為了夢想隨時可以拚盡全力。

Brandon 當年在西北讀大學，本科學的是電腦專業。在學期間，他開始對心理學產生濃厚興趣，產生了報考心理學研究生的想法。考慮地利之便，他選擇報考西北地方最厲害的心理學導師——W導師的研究生。那麼，如何才能接近這位導師呢？

從大三開始，他選擇去旁聽W導師的心理學課程。時間久了，他不僅和W導師混了個臉熟，和班上同學也都玩得難捨難分。

然而在這段過程中，Brandon 漸漸了解到，要成為W導師的學生是件非常困難的事情。因為心理班中最優秀的那些學生都有報考的想法，而且W導師每年招生的名額非常有限。

接下來，Brandon 開始思考一個問題：「如果要和心理學科班出身的人競爭，我的優勢是什麼呢？」

他最終得出的答案是，在學習心理學的人當中，他的電腦程式設計能力也許是最強的。因為寫心理學論文通常需要做心理學實驗，很多實驗都需要用電腦程式設計。雖然學心理學的人在專業方面很厲害，卻很少有人同時具備強大的電腦程式設計能力。

於是Brandon牛刀小試，主動幫助心理班的同學進行電腦程式設計，幫助他們更順利地完成各項心理學實驗。就這樣，Brandon憑藉著高超的電腦程式設計能力，在他旁聽的班級裡積累了大量的好口碑，然後也傳到了W導師的耳朵裡。

距離考研究所只剩幾個月時間，Brandon感覺時機差不多成熟了，便鼓起勇氣到W導師面前毛遂自薦。

沒想到，W導師一開口就給Brandon潑了一盆冷水：「我的班想要報名的學生很多，競爭也很激烈。況且你是跨專業報考，沒有任何優勢可言。」

一般人聽到導師的這幾句話，肯定就準備打退堂鼓了，但是Brandon的抗打擊能力特別強，又去找了導師兩次。在後面的兩次談話中，Brandon強調自己在電腦程式設計方面的優勢，以及自己強大的學習能力。當他最後一次走出W導師辦公室時，導師的態度不再像以前那麼冷漠了，只不過依然沒有明確表示要招他。

Brandon告訴自己：「我能做的就是『盡人事』，剩下的就『聽天命』。」他還是毅然決然地堅持自己原來的想法，報考那位導師的研究班，然後全身心投入整個備考過程。

幾個月後成績出來了，Brandon的筆試成績並不理想，但是面試成績卻出奇的高。看來他之前的努力起了作用，導師真的想要錄取他了。

果然沒過多久，導師就給他發訊息說：「我和另一位老師在上海剛成立一個心理學實驗室，並且申請了國家級課題，想讓你在開學之前先到上海的實驗室去做一些基礎性的工作，不知你有沒有興趣參加？」

Brandon 一口答應了，並且開始狂補與課題相關的心理學知識。這還不夠，為了按期完成導師安排的任務，他直接住進上海的實驗室，沒日沒夜地設計程式，趕實驗的進度。終於，他在導師訂的時間內完成了那項艱鉅任務。甚至在這段期間，他還攻克了好幾個實驗難題。

即便他是第一次到上海，但他始終沒有走出去看看這個繁華的大都市。他外出的最遠距離，不過是學校附近的一間餐館和購買日常用品的一家超市。

導師對他的表現非常滿意，在就讀研究所的期間，他順理成章地參加了導師承攬的所有研究課題，進而鍛鍊出異常出色的科研能力。

後來導師調動到上海工作，Brandon 也跟隨導師來到上海。在完成導師與上海一所中學合作的一項研究之後，他被這所中學留了下來。因為校長覺得他踏實肯幹，隨時能為眼前的目標拚盡全力。

正式開始工作之後，校長問是否能為學校做一套教師工資系統，這樣每位老師就都能上網查看自己每月的工資明細。Brandon 之前學的是軟體程式設計，而這樣的系統屬於網頁程式設計的範疇。然而他只是說了句：「我能做，給我七天時間幫您做好。」之後便加足馬力，邊學邊做，按期完成了校長交代的任務。之後，他又為學校做了很多便捷好用的小系統，成了學校裡不可或缺的人才。

當初他在西北讀書的時候，曾經向自己的女友許諾，將來他一定會到東部最繁華的上海工作。現在他不僅在上海留了下來，還被評為「教壇新秀」，成了學校裡的中階管理者。

以上就是 Brandon 的故事，我覺得和馬雲、俞敏洪相較之下，Brandon 的故事對正在奮鬥的年輕人來說，可能更具激勵意義。要知道，**很多人都在抱怨這個時代，年輕人精神壓力太大，競爭太殘酷，但是這些不應該成為我們逃避現實的藉口。**

關鍵在於，你是否願意為自己的夢想拚盡全力，然後看看生命能為你帶來何種驚喜。

別總想著逃離，無論在哪裡你都要用盡全力

有一次，我受老同學海濤邀請，到山東濰坊進行兩場家庭教育的公益講座。這個公益講座由政府領頭主辦，由老同學所在的一家教育機構承辦，吸引全國各地不少教育領域的專家報名參加。

由於上海報名的只有我一個，加上在高校講幸福課的背景，以及海濤的極力推薦，我便成功入選。

海濤說：「這次報名的教育專家很多，要不是考慮到你來自上海，想要入選還真的有點難。」忽然間，我意識到了在上海工作所帶來的「光環效應」。

晚上幾個同學小聚，大家聊起了「在大城市工作壓力有點大」的話題，海濤問我是否有離開上海，回山東老家發展的想法。之所以會問我這個問題，是因為海濤自己就是一個活生生的例子。

海濤原先在廣州某所知名高校從事學生管理工作，擔任科長一職。雖然工作做得有聲有色，但是他的思鄉情結卻很嚴重。他說自己每次從山東老家回廣州時，都會忍不住落淚。最後，他暗暗下定決心，一定要回山東老家發展。

然而，逃離北上廣並不是一件容易的事情，這需要很大的魄力和勇氣，以及一段漫長的適應期。剛辭職回山東時，海濤也沒有很快就找到一份如意的工作。曾經是科長的他委曲求全，先從事了銷售消防器材的工作。

有一次，他到外地去銷售消防器材，由於不清楚交通路線，結果坐了六個小時的公車，到達客戶公司後講了一個多小時，最後只賣出了一支消防應急手電筒，一天下來只賺了二十塊錢。休息的時候，他坐在馬路邊給老婆打了個電話。一邊說，一邊忍不住流下了淚水。

後來他換了一份工作，進入一間家族制企業，管理層內鬥得厲害，他依然感覺工作不順心。直到他找到現在的工作——在當地一家非常知名的教育機構做研究員，才安定了下來，工作和生活也慢慢走上正軌。

當海濤將他的新名片瀟灑地遞給我時，我感覺到，他已經真正在這座家鄉城市中安頓下來。海濤說：「一切都是最好的安排。」

回到「是否想要離開上海，回老家發展」的問題。如果倒退幾年，我可能真的會有「離開上海，回老家發展」的想法。但是現在的我，更想留在上海。為什麼呢？可能是因為自己沒有足夠的魄力，但更多的是一種不甘心。

我買的房子位於上海的最西面，工作單位則是位於上海的最東面。來回一趟，地鐵、公車、走路要花費五個小時。對很多人來說，這是一件難以想像的事情。

但，現在的我已經承受住了上海最壞的一面。每次在搭地鐵時，我都會手捧一本書，充分利用在地鐵上的每一分鐘時間。最近傳來一個好消息，就是從我家直達學校的地鐵即將開通，今後單程只需要一個半小時。

剛來上海時，為了買房真是省吃儉用，出去吃飯時精打細算，一頓飯稍微多花一點錢，我就會心疼不已。

但，現在的我已經承受住了上海最壞的一面。由於工資調漲和提前還貸的緣故，我終於不需要再拿出工資中大部分的錢還房貸了。每個月我都會抽出固定的時間，和家人一起出去吃飯、看電影。

想當初剛到上海時，老婆想要去看林宥嘉的演唱會，我心疼花錢，但也心疼她，最後忍痛買了兩張演唱會的門票。在看演唱會的時候，心疼票價的我根本無法盡情享受，中途還因為錢的事和老婆大吵一架。

但，現在的我已經承受住了上海最壞的一面。我們再也不會因為票價太貴而錯過想看的演唱會，只要有時間就會去看。

剛開始工作的時候，我很想報名參加心理學名師的培訓班。雖然很多培訓班就在上海舉辦，但學費卻貴得離譜。由於自己阮囊羞澀，所以很少參加。

但，現在的我已經承受住了上海最壞的一面。我建立了心理學方面的人脈圈，知道哪些心理學老師會定期在上海開班，再也不會因為費用太貴而錯過想要參加的課程。

就在前一段時間，我報名了焦點解決短期治療和催眠療法的培訓班。其中一位主講老師還鼓勵我，如果我努力的話，一定可以在心理學方面做得很出色。

掐指一算，我來上海已經十年了。幾年前我所看到的，幾乎都是上海最壞的一面，例如擁擠的交通、高昂的房價、巨大的生存壓力等等。

幾年後，我終於有資格慢慢欣賞這座城市美好的一面了。這裡有很多名校、名師，每年都會舉辦各式各樣的心理學培訓班，每週都會有各式各樣的演唱會和話劇。這裡有很多好玩的地方，和各種很棒的資源，而且交通發達，去哪兒都很方便。

瑪丹娜曾說：**「如果你無法承受我最壞的一面，那麼你也不值得擁有我最好的一面。」**引用瑪丹娜的這句名言，對於是否想要逃離北上廣的問題，我已經有了答案。我可能會選擇繼續留在上海，因為我已經承受住了上海最壞的一面。現在，我想藉由自己的努力，擁有這座城市最好的一面。

如果你此時此刻正在一個陌生的城市打拚，或是感覺工作、生活不是那麼如意，那麼你多半會想要「逃離這座城市」。

但是你必須知道，生存的壓力並不會因為逃離而得到解決。無論你在哪裡，都要用盡全力。用盡全力去生活、用盡全力去提升自己，等你慢慢變得強大，生活條件改善了就會發現：「此心安處是吾鄉。」

我是如何從心理學畢業生轉變成一名新東方老師的

高考填報專業時，家人沒有給我太多干涉，於是我憑著對「心理學」這三個字的好奇，決定了自己的大學專業。

我是一個性格內向、感情細膩的人。原本我的想法是透過學習心理學更了解自己，順便學點「讀心術」之類的技能，好瞬間看透人心。沒想到，進入大學後上的第一門專業課就給我當頭一棒。

那門課叫作「普通心理學」，有很多專業術語，跟讀心術、催眠術那些神奇的東西完全沒有一點關係。

當你將心理學作為一門專業學習的時候，並不是一件有趣的事情。你需要從科學的角度去了解、探究這門學科，也需要有系統地學習這門學科的研究主題和研究方法。甚至要花費大量時間去研究人腦和神經系統，因為它們是心理學的生理基礎。同時，還需要花費大量時間去精心設計一個心理實驗，然後小心地去求證一個微小的心理學現象。

文科生出身的我，最不喜歡的就是和冷冰冰的資料打交道，我發自內心地排斥各種量化分析。高中三年，我幾乎被數學這門課程折磨得死去活來，沒想到上了大學又要跟心理實驗、心理統計形影不離。雖然專業課當中也有心理諮詢等讓我感興趣的課程，但課堂講授畢竟是蜻蜓點水。因此我對心理學的興趣，驟然下降。

除了課堂上講授的內容無法讓我提起足夠的興趣外，對於畢業之後的就業前景，我也略感焦慮。

我曾想把心理諮詢作為未來的職業方向之一，卻發現這是一個越老越吃香的活兒。普通人很難在大學畢業後就馬上成為一名心理諮詢師，不但需要足夠的生活閱歷作為支撐，同時還得投入大量的時間與金錢，不斷地去參加各種專業性的培訓和督導。

總之，這不是一份馬上就能獲得回報的職業。我開始擔心大學畢業之後，是否能夠靠這門專業養活自己。那時候，我經常會問自己：「我的核心競爭力到底是什麼？」想來想去，我開始把目光投向英語。因為和心理學相比，英語這門科目較具備實用的屬性。

那時我看了很多新東方名師的演講影片，深深地被新東方老師身上所散發的魅力吸引。看著那些講師在台上揮灑自如，靠英語賺得高收入，真是令人羨慕不已。從那時起，我就在心中埋下了一顆成為一名新東方老師的種子。

接下來，我開始加倍努力地學習英語。在大學的四年裡，我一直堅持的一件事情，就是學習英語。已經記不清有多少個清晨，我和自己的懶惰奮戰，跑到操場上大聲念英語。為了鍛鍊自己的英語會話能力，我拚命尋找老外聊天。那時學校裡的老外不多，為了獲得更多和外國人接觸的機會，我試過很多方法，例如厚著臉皮和老外搭訕，想辦法請老外吃飯等等。

你可以想像，當我二〇〇八年來到上海，發現這裡竟然有這麼多老外時，心裡有多麼興奮。我繼續找機會和老外聊天，不斷提升自己的英語會話水準。

來到上海後，我也沒有忘記成為一名新東方老師的夢想。不過當時我覺得自己的實力還不夠強大，於是先在一些比較小的培訓機構裡教英語。即使小型的英語培訓機構提供許多上課機會給我，錢也賺了不少，但我總覺得這不是長久之計。

那時候，幾乎每隔幾個月我都會投簡歷給新東方。並且經常去新東方網站上看名師的介紹，對比一下自己和他們之間的差距。

在投了很多封簡歷之後，遲遲沒有收到回饋，我不免有些著急。這時恰巧看到新東方招聘助教的消息，於是我打算採取「曲線救國」[3]的方式，先應聘助教，再應聘教師。

這一次，我很快收到了面試通知。記得那是一個燥熱的午後，接到面試通知電話的時候，我興奮得差一點從床上滾下來。畢竟，我終於和新東方產生直接的聯繫。

懷著興奮之情，我來到上海新東方總部參加助教面試。在面試時我全身心投入，把對新東方的仰慕之情，以及這些年在英語方面的努力都講了出來。看到面試官不停地點頭，使我更興奮了，滔滔不絕地又講了將近二十分鐘。面試結束的時候，面試官要我先別急著離開，在門口等一下。

當時我想，這下應聘助教應該是沒問題了。沒想到過了一會兒，一位面試官從房間裡面走出來，告訴我一個更加振奮人心的消息——他們覺得我的口才不錯，想直接推薦我到新東方的中學優能部，同時要我回去做一個簡單的英語課程，等待下一次面試的消息。

我高興得扭頭就走，沒有詢問自己具體該和誰接洽此項事務，也沒問對方的聯繫方式，甚至沒問對方該怎麼稱呼。總之，那時我就興奮地回去了。

過了一個星期，我依然沒有收到消息，也不知道是哪個環節出了問題。我試著撥了幾通電話，還是無法聯繫上當時要我回去等消息的那位面試官。就這樣，我錯過了一次難得的機會。

接下來，我去了另一家規模不小的培訓機構，主要講授中學英語。這段經歷讓我在講台上變得更有自信，也更熟悉各種考試題型。

在這段期間，還發生一段有趣的故事。有次我在校園裡一處僻靜的地方練習英語，一個老外走上前來對我說：「Your pronunciation is very good, keep on reading and you will finally achieve your goal.」（你的發音不錯，繼續讀下去吧，最終你將實現自己的目標。）

當時我在心裡暗想：「我的目標就是進新東方當講師，難道你是上天派來鼓勵我的？」

說來神奇，這件事情發生後沒過多久，我再次看到新東方的教師招聘資訊，便毫不猶豫

3 曲線救國：指無法用直接的方式解決，便採取間接迂迴的手段。

地投了簡歷，很快就收到了面試通知。

這一次，我沒有再錯過機會。當然，面試過程並不容易，大多數前來應聘新東方的人都是著名高校畢業的英語高手，其中還有不少海歸人士。整個過程險象環生，幾乎每一關都有人被淘汰，我不斷給自己加油打氣，鼓勵自己為了實現心中的夢想一定要堅持下去。

為了考察應試者的綜合實力，面試和試講加起來總共進行了七八次，這也是一場體力和心理素質的大比拼。我使出了渾身解數，拿出自己的最好狀態應對，在試講時儘量保持幽默又不失激情。

在試講的那一週，我每天只睡五個小時。我不停地收集各種相關的英語材料，製作PPT，準備試講。即使上了地鐵，嘴裡還念念有詞。在那一週的時間裡，我做完了上海近十年來中考、高考的閱讀練習題，還把上課內容製作成一百五十頁的PPT，並且總結出一套解題的思路和相關技巧。然後一遍又一遍地練習試講，不斷接受新東方前輩們提出的各種建議，以便快速地提升自己。

二〇一〇年五月八日，我終於等到了好消息。我接到新東方人力資源部打來的錄取電話，通知我去公司簽訂聘僱合約。就這樣，我正式成為上海新東方的老師，那時那景，至今仍記憶猶新。我從日記裡，摘錄以下內容來描述當時的心情：

從第一次萌生想做新東方老師的想法到現在已經過去五年了，那時我才大二。自那時以來，碰到過不少困難挫折：對未來感到迷茫、考研失利、和女友兩地分離，幸好自己一直都在堅持學英語。

有時候，這種堅持甚至顯得有些偏執。例如，在夢裡背誦英語小短文，口袋裡放著很多寫有長難句的小紙條，在操場上大聲地練習英語，還有在電梯裡用英語自言自語。

今天終於成為新東方的正式老師，之前所有的付出好像都在此刻得到加倍償還。

二〇一〇年五月二十三日，今天終於以新東方老師的身份講了入職後的第一堂課，又是一次聲嘶力竭的講課。以前從新東方的門口經過，總是帶著羨慕的神情往裡頭張望，今天從新東方的教室講完課走出來時，有種莫名的激動。

忽然間，心中湧出這樣一句話：「**如果你知道自己要去哪裡，全世界都會給你讓路。**」

第2章

讓努力兌換價值

我們每天都需要面對很多工作，如果不花點時間去認清最重要的事情，就很容易被瑣碎的事情淹沒，進而成為一個不重要的人。

職業生涯前十五年，成長比賺快錢更重要

在我讀研究生的時候，曾聽說一位學長的經歷，感覺相當傳奇。

讀研究所的三年時間裡，學長把自己逼得很緊，一直都在瘋狂地做家教，每個小時的報酬從五十元到一百元不等，有人給他取了一個「家教王子」的綽號。

由於他主要是當小學生的家教，科目比較簡單，所以「語數外」通吃，無論市區還是郊區，兩個小時車程內的家教他都來者不拒。三年時間下來，他省吃儉用，不辭勞苦，竟然攢下了將近二十萬元。當他把這個數字說出來的時候，很多人都驚呆了。

不過他對家教事業如此的熱愛，導致花在學業上的時間非常少，導師對他的表現很不滿意。最終，這位學長在延修了半年之後，畢業論文仍然沒有達到相關要求。

接下來，他又做了一個與眾不同的決定。他主動放棄學業，拿著當家教賺的二十萬，回老家開了一間小超市。

這位學長的經歷看起來風風火火，總是出乎別人的預料。但是仔細想想，又會為他感到惋惜。他在上海讀了三年半的研究生，卻沒有拿到畢業證書，最終只帶著二十萬現金回家開了間小超市。由於急著去賺錢，他浪費了投資自己的絕佳機會，那三年的家教經驗，並沒有促進他能力上的提升，也沒有為他的職業發展帶來任何的競爭優勢。

最近讀了一本有關職業生涯規劃的好書，名為《人生的長尾效應》。之所以說這是一本好書，是因為它能夠幫助我們把漫長的職業生涯看得更清楚，避免無計畫的奮鬥狀態。在這本書中，作者布萊恩．費思桐發現，大多數人都走在錯誤的道路上。他認為，關於職業生涯規劃，人們犯的最大錯誤就是：**「將過多的注意力放在眼前的下一步上，而不是整條路徑。他們大多將職業生涯當成一場短跑比賽。然而，實際上這是一場至少長達四十五年的馬拉松。他們更關心下週二的升職加薪，而不是在真正重要的時候，也就是四、五十歲時擁有更好的選擇。」**

費思桐進一步將職業生涯分為三個階段，每個階段大約是十五年的時間。

第一個階段是**加添燃料，強勢開局**。這個階段的主要任務是知識的學習和技能的增長，為未來的兩個階段打好基礎。

第二個階段是**錨定甜蜜區，聚焦長板**。所謂甜蜜區，即在你的長板、愛好以及這個世界的需求之間尋找交集。

第三個階段是**優化長尾，持續發揮影響力**。這個階段的任務是，從執行或領導的角色轉換為顧問或輔助的角色。

其實漫長的職業生涯，就像在下一盤棋。我們一定要具備全域意識和長遠眼光，不要因為急著賺快錢，而忽略提升自己的能力，喪失在未來賺更多錢的籌碼。

在微信訂閱號和簡書上，我一直關注一位名叫「沐丞」的優秀作者。我們大概是同一時間開始在簡書上發表文章，但是他比我勤奮很多，除了做好本職工作之外，很長一段時間以來，他都每天堅持更新一篇文章。

當我正為出版了第二本書而感到興奮的時候，他卻在短短的兩年時間裡，出了十本書（含電子書和即將出版的書）。兩年出版十本書，是一項了不起的成就。他一直聚焦於職場和理財這兩塊領域，堅持在自己擅長的領域深耕。更厲害的是，他從來不急著去賺快錢。以他的實力，完全可以開設幾門網路課程，每堂定價九十九元或一百九十九元，將自己的專業知識快速變現。但他沒有這樣做，原因是他覺得自己沒有那麼多時間，開網課會分散自己的注意力。更重要的是，和開網課相比，出書是更有意義的經驗，更能被當作是個人能力的體現。

從二〇一四年至今，我在訂閱號上已經持續寫作四年，我花了很多時間去讀書、寫作，卻很少去做網課或是接業配。尤其二〇一七年，我收到了很多做網課和業配廣告的邀約，大部分都被我拒絕了。因為我覺得自己還處在成長期，讀書和寫作是在投資自己，網課和廣告卻是在消費自己。

從長遠角度來看，在職業生涯初期只有堅持不斷地投資自己，才能為未來贏得更多發展機遇。也許有人會問，既然在職業生涯初期不要急著賺快錢，那麼應當著重去做哪些事？我認為以下三點特別重要。

第一，從職業生涯的深度來看，要發展好自己的專業技能。

凱文．凱利（Kevin Kelly）在《釋控：從中央思想到群體思維，看懂科技的生物趨勢》（*Out of Control: The New Biology of Machines, Social Systems, & the Economic World*）一書中提到，在未來社會，我們一定要努力發展自己的專業技能，成為專業人才。因為未來是個沒有全才的時代，需要相互協作組成一個整體，所以掌握自己專屬的核心技能顯得尤其重要。

讀書、深造以及積累高品質的職業經驗，都是發展自己專業技能的有效途徑。不管採用何種方式去提升自己的專業技能，我們都需要在相應的領域持之以恆地投入時間和精力。

歐文．亞隆（Irvin D. Yalom）是我仰慕的心理治療師之一，他在八十歲時依然堅持為來訪者做心理治療，並且一直筆耕不輟，著有《一日浮生：十個探問生命意義的故事》（*Creatures of a Day: And Other Tales of Psychotherapy*）這本好書。我希望自己在八十歲的時候，也能夠如此。

第二，從職業生涯的廣度來看，要培養較為廣泛的興趣。

如果一個人只懂得某項專業技能，沒有任何業餘愛好，那麼他的生活可能會枯燥無比。

羅素（Bertrand Arthur William Russell）在《幸福的征途：人為什麼不快樂，又如何能快樂？羅素的思索與解答》（*The Conquest of Happiness*）一書中提到：「一個人感興趣的事越多，那麼他快樂的機會也就越多。」也就是說，當一個人在某項工作或某件事情中遭遇挫折時，他可以從自己感興趣的事當中獲得拯救。

羅素還說：「現今最傑出的數學家，會將他的時間平均分配在數學和集郵兩件事情上。我猜想，當前者毫無進展時，後者一定會為他帶來安慰。」

第三，從職業生涯的「溫度」來看，要經營好重要的人脈關係。

其實，要想經營好人脈關係，離不開前兩點的支撐。首先，只有當你具有深厚的專業技能時，才會具備交換價值。**而人際交往的本質，其實就是價值的交換**。假如一個人不學無術，無法為別人提供有價值的幫助，那麼他往往很難與別人建立長遠的人脈關係。

此外，當你具有廣泛的興趣，就不會活得很封閉，也會有更多機會和不同專業領域的人建立人脈關係。

李笑來在著作《把時間當朋友》中，曾經提過一個非常重要的理念：「**打造自己，就等於打造人脈。**」換個說法就是，當你更優秀，才會遇見更好的朋友。

最後，我還是要澄清一下，這篇文章並不是要奉勸大家職場前十五年不必賺錢，而是不要把賺錢看得比成長還重要，不能因為急著賺快錢而忽略個人的成長與發展。

一個人通常是如何陷入長期貧困的

很多人認為貧窮就是缺錢，所以貧窮屬於經濟問題。不過兩位來自美國的學者，哈佛大學教授森迪爾．穆蘭納珊（Sendhil Mullainathan）和普林斯頓大學教授艾爾達．夏菲爾（Eldar Shafir），卻不這麼認為。

他們合著了一本書，名叫《匱乏經濟學：為什麼老是在趕 deadline？為什麼老是覺得時間和金錢不夠用？》（*Scarcity: Why having too little means so much*）。這本書從心理學的角度對貧窮現象進行專門研究，最終得出結論——**貧窮其實是一種心智模式**。因為當貧窮擄獲我們的注意力時，會改變我們的思維，進而影響決策和行為方式。如果不主動調整自己的心智模式，那麼就很容易在貧窮的旋渦中越陷越深。

為了看清楚貧窮是如何影響我們的心智模式，讓我們把視線轉向印度清奈的一個農貿市場。

這個市場裡有很多以販賣蔬菜謀生的小商販，他們的贏利模式很簡單，就是在一大早購買一千盧比的貨物，然後把全部的貨物賣完之後，就可以獲得一百盧比的利潤。

然而，這些商販卻無法將這一百盧比的利潤全數收入私囊。因為大多數商販在進貨時拿不出一千盧比的現金，只好先向高利貸借一千盧比作為本金，等到賣完貨物後，再把這一千盧比還給高利貸。但同時也必須繳納五十盧比作為利息，也就是利潤的一半，所以最後他們的淨收入只剩下五十盧比（約一美元左右）。這種情形幾乎天天都在這個農貿市場中發生，甚至有些小販已經借高利貸長達九年半的時間。

只要稍微有點經濟頭腦的人都會發現，這些小販其實可以選擇更加明智的方式做生意。例如每次賺得五十盧比後，就攢下五盧比作為儲備資金，如此一來，只要努力個兩百天便可以攢下一千盧比，之後就不用再去借高利貸了。

那麼，為什麼這些小販始終沒有攢下足夠的本金，總是要去借高利貸呢？為了進一步探究問題的原因，研究人員直接給小販一千盧比的本金，讓他們不用再去借高利貸，然後進行了長達一年的追蹤研究。

研究發現，在最初的幾個月裡，拿到一千盧比的小販的確不需要再借高利貸，他們顯得無債一身輕。但是在隨後的幾個月當中，小販們一個接一個地又回到了最初的狀態——重新靠借高利貸做生意。在這段過程當中，究竟發生了什麼事？

經過一番研究之後，研究人員得出一個結論：**窮人缺少的不只是金錢，他們更缺少足夠的腦力去思考和謀劃未來**。

那些貧窮的小販在賺到錢後，總會反覆考慮一些瑣事。例如，把賺來的錢花在什麼地方最合適？是拿這些錢去喝茶、買零食，還是給孩子買些糖吃？除此之外，小販還必須考慮明天要進多少蔬菜？那些沒賣完的蔬菜能否放過夜？這些問題不斷在他們的腦海中盤旋著。

因為小販們生活在谷底，有太多的需求沒有得到滿足，有太多的地方需要花錢，有太多的事情需要算計。這一切，都是對窮人腦力的極大考驗。

我們知道，一個人的腦力資源十分有限，一旦腦海中有許多瑣事需要考慮，就沒有太多腦力再去思考和謀劃未來了。他們的注意力，會自動轉向那些未得到滿足的需求，使貧窮的人缺乏洞察力和前瞻性，以致於做出更多不理性的經濟決策。

如果這時發生突發事件，例如親戚家有人結婚，為了面子需要送一件大禮，他們就會把手中本來應該儲存起來的錢，拿出來解燃眉之急。**小販們只專心解決當下的問題，卻忽視對未來的投資，很容易做出錯誤的經濟決策，於是他們很快又會回歸到依靠貸款謀生的境地。**

之前，我總是對一個問題百思不解，為什麼有些女孩會那麼傻，明知道「裸貸」的風險很大，還是選擇透過上傳裸照的方式貸款，只為了買一件滿足虛榮心的商品？

讀了《匱乏經濟學》之後我才明白，因為這些女孩在現實生活中有太多需求沒有得到滿足，無論是物質方面的需求，抑或是自尊心、虛榮心方面的需求。她們的大腦需要不停地算計，要怎麼做才能過上別人眼中「體面」的生活。所以她們根本沒有額外的腦力去思考未來會怎麼樣，她們只希望自己的需求能夠立即獲得滿足。而高利貸最大的好處，就是它能有效解決燃眉之急，只不過她們卻忽視了高利貸的惡果。

綜合以上分析，**我認為導致貧窮的本質，就是沒有餘閒去思考和謀劃未來**。那麼，要如何破解「貧窮」這道難題，才不至於深陷其中無力自拔呢？

首先，無論多忙，都要抽出一定的時間去思考和謀劃未來。我們知道，一個安排很滿的計畫並不表示就是一個很好的計畫。一個好的計畫，應該善於留白，留一點時間眺望未來。所以無論平常有多忙，我都喜歡把週末晚上的時間留白，為下一周做計畫。

我會把重要但不緊迫的事情（例如下周要讀完哪些書，寫完多少篇文章等）放入下一周的日程表，如此一來就不至於在真正忙起來時，忘記去做這些重要的事情了。

其次，無論多忙，都要抽出一定的時間提升自己，讓自己升值。當然，除了思考和謀劃未來之外，我們需要採取具體的行動才能真正走出貧窮。

越是忙碌，我們越應該提醒自己該多花點時間提升自己，例如多讀書。也許有人會說：「沒辦法，實在是太忙了，真的沒有時間看書啊。」或者「忙了一天實在是太累了，真的沒有精力去看書了。」

根據精力管理的相關理念，假如每做一件事情，你都會糾結要不要去做，那麼這個思考過程本身就會耗費你許多精力，這件事情也會很難堅持下去。最好的方式，就是把提升自己變成習慣。

總是抱怨沒有時間讀書的人，可以把讀書變成一種習慣。例如，堅持早起讀書或是睡前讀書，讓讀書成為生活的一部分，就像到點吃飯一樣，到點就去看書，養成習慣就好了。

在《通往財富自由之路》的文章中，李笑來老師提到，人最寶貴的資源就是注意力。其實這和《匱乏經濟學》中提到的一些理念，有異曲同工之妙。

沒錯，人的注意力資源是有限的。深陷貧窮的人，把自己最寶貴的注意力資源都放在那些不重要的小事上面。例如：為了節省五塊錢，在網店上花了許多時間去挑選一件商品；或是不停去盤算，到底要給即將結婚的朋友送價值多少的禮物；甚至總是在想，穿哪個牌子的衣服才不會讓朋友感覺自己寒酸等等。

而那些能慢慢變得富有的人，不會為了生活當中的小事如此糾結，他們會投入大量的注意力謀劃未來以及提升自己。於是，他們的身價開始不斷上漲，最終甩掉貧困的帽子。

總之，無論你有多麼忙碌，都必須記住要多花點時間思考和謀劃未來，並且把注意力放在提升自己。這樣才能擺脫貧窮，真正走上「財富自由之路」。

不懂「刻意練習」，累死也無法證明自己

記得上小學四年級的第一個學期，我從一所農村小學轉學到一所城市小學。

為了迎接即將到來的新學期，開學前的那個暑假，我基本上沒怎麼休息，大部分時間都躲在父母住的一間小出租房裡自習。我花了很長時間預習新課文，把語文課本的第一篇課文讀了一遍又一遍，直到滾瓜爛熟為止。可問題是，每次翻開課本我總是喜歡讀第一課，基本上後面的課文都沒怎麼預習。因為那時的我，特別享受那種熟讀一篇課文的感覺。

新學期開學了，大顯身手的時候終於到了。語文老師問，有沒有人願意有感情地朗讀課文，我毫不猶豫地舉起了手。我心想：「是時候讓城市孩子見識一下農村娃的厲害了。」畢竟，我花了一整個暑假的時間都在練習朗讀第一篇課文。

結果，雖然反覆操練過很多遍，但由於是第一次在新同學面前發表，我還是緊張的念錯了一個地方。當我念完課文之後，老師並沒有給予特別的表揚，只是淡淡地說：「嗯，不錯，坐下吧。」

說實話，當時我感覺很不甘心。辛辛苦苦讀了一個暑假的課文，也沒有受到什麼特別的表揚，所有的努力隨著老師的一句「坐下吧」就結束了。由於整個暑假我都在反覆誦讀第一課，所以對後面的課文並不怎麼熟悉，也就是說，一個暑假的刻苦學習，除了感動自己之

外，其實並沒有為我的語文學習帶來多大的幫助。

現在，二十多年過去了，最近我讀了《刻意練習：原創者全面解析，比天賦更關鍵的學習法》（*Peak: Secrets from the New Science of Expertise*）之後，終於把這件事情想通了。

原來，之前的我花了一個暑假反覆讀同一篇課文，這樣的練習只能當成簡單的重複，通常被稱為「天真的練習」。這種練習無法帶來真正的進步。

在《刻意練習》中舉了很多類似的例子，例如很多人會傻傻地認為，開了二十多年車的老司機，一定會比只開了五年車的司機更擅長開車；行醫二十年的醫生，一定會比行醫五年的醫生更優秀；教了二十年書的老師，一定會比只教了五年書的老師更有能力。

然而研究卻表明，**一旦某個人的表現達到一般水準，並且可以做到自動化，那麼再多練習幾年，也不會有什麼進步**。甚至在本業幹了二十年的醫生、老師或司機，可能還會比那些只幹了五年的人差一些。原因在於，假如沒有刻意去提升，這些自動化的能力就會緩慢退化。

能夠帶來真正進步的練習，就是刻意練習。我所理解的刻意練習，由三個要素組成，分別為：**有目的，有回饋，有挑戰**。以下，我用一個練車的例子來說明。

最近家裡終於換成自動排擋的汽車，真是謝天謝地。之前我雖然早早就考了駕照，但總覺得家裡的手排車太難開，所以一直沒開車。

為了能夠儘快開車上路，我打算應用實踐從《刻意練習》這本書上學到的內容，以便快速習得此項技能。結果證明，這套方法的確不錯，我才花三、四天時間，就可以開車穿梭在城區了。

第一，有目的。在練習的時候有明確的目的，能讓一個人始終保持在專注的狀態，從而擺脫漫無目的的練習，不容易造成時間的浪費。

我通常是在週末練車，每次練車的時候，我都會在一張小紙條上寫下今天主要的練習內容。例如，今天主要練如何換線道超車，明天主要練大拐彎和小拐彎，下一次主要練如何倒車入庫等等。

明確的目標設定，讓我在練車時能保持專注且高效的狀態，始終圍繞著一個目標練習，避免在已經掌握的駕駛技術上浪費時間。

第二，有回饋。《刻意練習》中曾經提到，不論做什麼事情，都要藉由回饋來辨別自己在哪些方面還有不足。

我們通常將能夠提供準確回饋的人，稱為學習的導師。如果想讓自己的練習更有效，就需要聘請一位導師及時提供回饋。

比方說，很多人考完駕照後還是不敢上路，解決辦法就是找一位老司機陪自己開上幾圈。讓對方透過實際路況，對自己的駕駛技術進行及時指導。由於我家老婆就是位老司機，所以我就「聘請」她坐在旁邊，為我提供及時回饋。這種回饋可以及時糾正錯誤，讓我更快掌握駕駛技術。

第三，有挑戰。對任何類型的練習來說，這都是一條基本的真理，如果你從來不逼自己走出舒適圈，便永遠無法進步。雖然挑戰自己會引起不適，但是唯有經歷不適，才能真正學到東西。

在我有膽量開車上路後，下一個需要面對的挑戰，就是在社區擁擠且狹窄的停車位中把車停好。對我來說，這是一個不小的挑戰。剛開始，我覺得停車太難，總是要老婆幫忙。後來我逐漸覺得，如果自己總是逃避這個困難，就永遠無法獨自開車回家。在不斷嘗試走出自己的舒適圈之後，現在我終於可以獨自把車停到狹窄的車位裡了。

之前的我，曾經十分迷戀麥爾坎．葛拉威爾（Malcolm Gladwell），他在《異數：超凡與平凡的界線在哪裡？》（*Outliers: The Story of Success*）書中提到的「一萬個小時法則」，指出「人們眼中的天才之所以卓越非凡，並非天資超人一等，而是付出了持續不斷的努力。一萬小時的淬鍊，是任何人從平凡變成世界級大師的必要條件」。

不過在讀了《刻意練習》之後我發現，無論學習什麼技能，光憑時間投入是不夠的。**只有結合「一萬個小時法則」和「刻意練習」，才能取得真正有效的學習效果。**

我就讀的高中是一所重點學校，高中三年過得很累。每天早上六點就要起床做操，晚上九點半晚自習結束之後，洗漱完還要趴在被窩裡繼續做幾份試卷，一直要熬到將近十二點才能睡覺。

學校很少放假，平均每個月只休息兩天。上高三的時候每週有周考，每月有月考，壓力極大。現在回想起來，心裡還是很壓抑、很痛苦。

雖然我拚盡了全力、榨乾了自己，卻沒有錄取心目中理想的大學。我覺得自己的努力只是在感動自己。因為那時的我，還不懂刻意練習。

我相信，如果那時的我懂得在一開始就樹立明確的學習目標，把考試做錯的題目當成是一種回饋及時進行糾正，跳出舒適圈多去攻克自己尚未掌握的知識難點，一定可以考出更好的成績。

當然，現在悟出這些道理也還來得及。因為在一個終身學習的社會裡，刻意練習的理念對於今後的學習，是非常有益的。

親愛的讀者，當你正努力學習一項新技能時，不妨暫停一下問問自己：「我是否可以試試『刻意練習』，來加倍提高自己的學習效率？」

精要主義：三個步驟讓你的努力變得更有價值

假如你問我：「努力就一定會有收穫嗎？」我的答案是「不一定」。

以下，我們就來看看發生在我身上的三個故事。

【故事一】

讀大學時，我曾經花費時間精力去考一張電腦證書。作為一名文科生，儘管我對電腦提不起任何興趣，卻還是強迫自己咬牙堅持。

那時的我，抱著「多考一張證書總比少考一張要好」、「或許在今後的某個時間點會用到這張證書」的想法，花了半年時間準備考試，最後終於考到證書。

現在，這張證書躺在一個破舊的書包裡已經將近十年了，它從來沒有在任何場合派上用場。我也將之前學過的電腦知識拋諸腦後，只依稀記得自己刻苦複習的場景。

【故事二】

從二〇一三年開始，我更專注於傳播正向心理學的知識，透過訂閱號寫了很多有關幸福的文章。慢慢地，開始有人邀請我到不同的網路平台上解答疑惑，撰寫專欄文章，或者是開設網路公益課程。

剛開始我都是來者不拒，然而一個人的精力有限，雖然我很明白把幸福課上好才是自己的終極目標，卻因為忍不住各種誘惑，把許多精力用在一些沒有意義的事情上。

由於不會拒絕、不懂放棄，即便我每天都活得很累、很辛苦，甚至沒有什麼娛樂的時間，我的努力並沒有幫我取得多大的成就。

【故事三】

自從開始在訂閱號上寫文章，我就特別羨慕那些能夠每日更新的作者。因為以前的我，從開始著手寫一篇文章到發佈，往往要耗費六、七個小時。也就是說，即使我晚睡早起地寫作，花費一天的所有私人時間，也很難做到一天更新一篇文章。

據我所知，那些保持日更的作者當中，大部分人都和我一樣，有著自己的本職工作，寫訂閱號只是他們的業餘愛好。那麼，為什麼他們能夠保持每天更新一篇文章呢？

後來我才知道，原來他們都有一套獨特的寫作方法，從靈感捕捉到搭建框架，從初稿寫成到文章優化，一切都有自己特別的套路。也就是說，除了非常努力之外，他們還有一套科學方法作為支撐，所以文章的產出量很高。

實際上，上述三個故事概括了日常生活中，我們的努力之所以低效的三個原因。

第一個原因：只知道自己要拚命努力，卻不知道自己到底想要什麼。由於不知道自己想要什麼，便不停地忙東忙西，考了很多不同領域的證書、參加許多培訓班，但是這些技能都無法結合成力，導致很多努力都是低效的。

第二個原因：雖然知道自己想要什麼，但是由於不懂得放棄，導致自己的時間和精力都被不重要的事情佔據。很多人喜歡透過忙碌來逃避真正重要的事情，即便自己很努力，卻因為不懂拒絕，所以沒有充足的時間去追求自己真正想要的東西，導致很多努力都是低效的。

第三個原因：雖然知道自己想要什麼，卻缺乏高效的方法，導致自己的努力都是低效的。例如，別人通常花一兩個小時就能寫出一篇兩千字的文章，我卻要花六七個小時才能寫完。

最近讀了一本書叫《少，但是更好》（*Essentialism: The Disciplined Pursuit of Less*），書中提到讓自己的努力變得更有價值的三個步驟：探索、排除、執行。這三個步驟針針見血，正好能夠有效解決上面提到的三個問題。以下我將結合書中的內容與自己的實際經歷，詳細解說該如何運用。

第一步：探索。探索的最終目的，是從多數目標當中，識別出真正有意義的少數目標。

我們通常將那些少數目標稱為「終極目標」。簡單的說，就是當你感到很忙的時候，要記得問自己「我到底想要什麼？」

其實探索終極目標的過程，就是一段不斷試錯的過程。這裡需要特別強調的一點，就是在年輕的時候，不要害怕走彎路，也不要害怕做出錯誤的選擇，因為正確的選擇往往來自錯誤的選擇。

我曾經做過一段時間的教務工作，因為我不夠細心，也沒有足夠的耐心去處理這種常規性的工作，所及在做這份工作時，我感到異常苦悶，覺得自己和這份工作格格不入。

正因為從事過自己不感興趣的工作，我才更清晰地認識到自己的職業性格，在往後選擇職業時，我會刻意避開此類型的工作，直到我找到了自己想要用一生時間去從事的工作——做一名幸福課的講師。

第二步：排除。人的精力有限，我們必須接納這個現實。因此，要努力排除對終極目標沒有太大貢獻的事情。

有時候，少即是多。然而，人們很容易陷入一種「貪多求全」的心態，也很容易沉浸在「只要我夠努力，就能把所有的事情都做好」的自戀幻覺中。**而什麼都想要的結果只有一個，那就是什麼都得不到**。

在我研究所剛畢業的那段時間裡，曾經幻想自己在英語培訓、心理諮詢和職業規劃三個領域都取得一定的成就，結果把整個人都累癱了，卻還是在原地打轉。後來我痛定思痛，決定全身心投入幸福課的講授，事業很快就有了起色。

在《少，但是更好》這本書中，我讀到一句非常霸氣的話：「如果答案不是一個確定的YES，那麼就應該是一個肯定的NO。」這句話告誡我們，一定要敢於放棄。

第三步：執行。當你執行的時候，一定要講究方法。如果想做到事半功倍，讓努力更具價值，那麼你一定要牢牢記住：「磨刀不誤砍柴工。」

以前我讀書的速度很慢，一個星期用盡全力都讀不完一本書。後來我讀了很多有關讀書方法論的書，例如《國王的快讀法》、《這樣讀書就夠了》等。在掌握一定的讀書方法之後，我的閱讀速度不僅明顯加快，更能學以致用。

以前我寫作的時候總是沒什麼條理，不講究什麼邏輯，寫得很隨性。後來我讀了《金字塔原理》和《麥肯錫寫作技術與邏輯思考》這兩本書之後，開始有意識地訓練自己，如何在寫作之前先建構一個合理的框架，然後再進行寫作。如此一來，我的寫作速度和文章條理性都有了不小的改進。

正所謂「工欲善其事，必先利其器」。如果想讓自己的努力變得更有價值，一定要減少「閉門造車」的思維方式，多學習方法論層面的知識，才能使你的努力如虎添翼。

高效能人士告訴你：投資自己要從這四個方面用力

很多人都明白在這個知識經濟的時代，持續投資、提升自己是一件多麼重要的事。然而，對於「如何才能有效地投資、提升自己」卻是一頭霧水，不少人在聽了很多講座，參加許多網路課程之後，依然感覺茫然。

在史蒂芬·柯維（Stephen R. Covey）的《與成功有約：高效能人士的七個習慣》（*The 7 Habits of Highly Effective People*）一書當中，作者提到自我提升與完善的四個層面。柯維認為，每個人擁有的最重要資產，就是自己本身。如果能針對身體、精神、智力、情感四個層面來進行投資，便將能大幅提升個人的產能。

接下來，我將以這四個維度為框架，結合個人的感悟及之前所學的心理學知識，針對如何投資自己進行深入解析。希望我們都能在未來的日子裡，成長為更加優秀的自己。

1. 對身體進行投資

在電視劇《奮鬥》中，主角的爸爸曾說：「華爾街那些能夠賺大錢的人，有很多在讀大學的時候，就是學校裡面的體育明星。成功的商人不僅僅是靠算計才能掙得大錢，同時也得靠氣勢。」

這樣的氣勢從哪裡來？就是靠持之以恆地鍛鍊身體，靠對自己身體的精心保養。只有這樣，才能使我們的體能、韌性、力量始終保持在最佳狀態。

說實話，當我面對的事情不多，生活壓力感覺不大的時候，並不會意識到鍛鍊身體的重要性。甚至在某一個階段，我完全停止了任何形式的運動。直到有一天，我面對的壓力開始成倍增長。有時候，為了趕在截止日期之前讀完一本難啃的書，或者是寫完某篇學術論文，一天要連續進行十小時以上的腦力勞動。這時我才發覺，什麼叫作心有餘而力不足——雖然我還想繼續學習，但是大腦已經先罷工了。

於是我開始嘗試運用從《能量全開：身心積進管理》（*The power of full engagement : managing energy, not time, is the key to high performance and personal renewal*）這本書中學到的方法，透過相互交替學習和休息，來讓大腦恢復。不過我卻發現，一旦休息結束之後再開始學習，大腦還是會感覺隱隱作痛。

後來我又讀了《優雅老化的大腦守則：10個讓大腦保持健康和活力的關鍵原則》（*Brain Rules for Aging Well*）這本書，書中的第一條定律，就是「越運動，大腦越聰明」。

於是，我又重新開始運動的習慣，一周兩次。沒過多久，我就感覺自己的腦力獲得很大的提升。即使長時間用腦，也不會再像之前那樣容易疲憊了。另外，運動讓我感覺到精神煥發，整個人都充滿了活力。

所以說，想對身體進行投資，就先從運動開始吧。心理學的相關研究發現，一周運動二到三次，每次持續進行三十分鐘的有氧運動，就能為認知能力帶來巨大提升。也就是說，只要進行適當的運動，就會為我們的身體注入強大的活力。

2. 對智力進行投資

作家韓寒曾因為考試不及格的科目太多，按照學校規定，不得不暫時休學回家。當他到辦公室找老師辦休學手續的時候，一位關心他的老師問：「將來你靠什麼來養活自己啊？」韓寒回答：「靠稿費。」辦公室所有老師哄堂大笑。

後來，韓寒寫了《三重門》，銷量超過了兩百萬冊。他不僅靠稿費養活了自己，而且還把自己養得很好。韓寒之所以有「靠稿費」來養活自己的自信，是源自於他對自己的智力持續不斷地進行投資——他讀了非常多的書。

在《零下一度》中，韓寒寫道：「我每天上課看書，下課看書，圖書館的書更是被我掃蕩乾淨，只好央求老師為我開放資料庫。中午邊啃麵包，邊看《二十四史》。」

所以你如果想對自己的智力進行投資，可以先從多讀書開始。如此一來，就變成要面臨以下三個問題：第一，**應該從哪本書開始讀？**第二，**如何保證擁有充足的讀書時間？**第三，**如何讓讀書的效果最大化？**

關於第一個問題，俗話說「磨刀不誤砍柴工」，我們可以先從讀書方法論的書籍開始讀起。強烈建議大家閱讀《國王的快讀法》、《這樣讀書就夠了》、《書都不會讀，你還想成功》這三本書，可以讓你的讀書效率及效果獲得大幅提升。在買書之前，你也可以參考網路上的書籍評分，以免被書名所迷惑，選錯了書。

關於第二個問題，我的答案是只要你嘗到了讀書的甜頭，或是下定讀書的決心，那麼你就一定能找到讀書的時間。不論是搭地鐵、排隊的時候，或是無聊時，都可以拿書出來看。如果周圍環境擁擠，看紙本書不方便，那就看電子書；如果覺得眼睛很累，那就戴上耳機聽書。

關於第三個問題，如果你每次都是帶著問題去讀書，那麼就可以將讀書的效果最大化。比方說，當你感覺自己的時間管理有問題時，你可以去讀《小強升職記》；如果你感覺自己有理財方面的問題時，你可以去讀《富爸爸，窮爸爸》。

3. 對情感進行投資

當你內心受傷的時候，有沒有一個朋友，可以讓你無拘無束地傾訴衷腸？當你取得了不起的成就時，有沒有人可以和你一起分享這份喜悅？

如果以上兩個問題你的答案都是肯定的，那麼從心理學的角度來看，你就具有良好的社會支援系統，同時你罹患心理疾病的風險也會大大降低。

我們的情感，需要他人的呵護；我們的人脈關係，需要用心去經營。沒錯，在童年時期，我們不需要付出任何東西，就可以得到大人無條件的關愛。一旦長大成人，我們就應當及時轉變自己的角色，從「索取者」變成「付出者」，學會主動去關心別人，主動去付出。

其實無論是親情之花，還是友情之花，假如不經常澆灌，都會枯萎。你不需刻意撥出什麼時間去經營人際關係，只要當你空閒的時候，問候一下家人；或者是給好久沒聯繫的朋友打通電話，主動表達自己的關心；逢年過節的時候，用心編輯一條長長的訊息，對曾經幫助過自己的人表達一下感恩之情。

如果你覺得自己很容易忘記，你可以把這些事情列入月計畫表——每個月都提前計畫好，給某個重要的人打一通電話。如此一來，你一年就至少會打十二通重要的電話。這些舉動，都是對情感關係的投資和維護。

4. 對精神進行投資

有一次，我陪同從挪威來的 Eva 教授在上海遊玩。當時她已經七十多歲了，不過心態卻像一個小姑娘，臉上一直掛著燦爛的笑容。

有一次，她在路邊撿到一朵花，然後把花插到自己的上衣口袋裡，為此還開心了好一陣子。我好奇地問：「您每天都過得這麼開心，有什麼秘訣嗎？難道您沒有煩心事嗎？」Eva說：「我把煩心事都交給上天了，我只負責盡情生活，相信上天自有他的安排。」

無論是你的信仰，還是你的人生使命，抑或是你對未來的憧憬，這些都是精神層面的力量。精神上的力量能引導你克服重重苦難，鼓起生活下去的勇氣。

尼采曾經說過，一個知道為了什麼而活著的人，什麼樣的苦難都能夠忍受。根據霍蘭德的職業興趣測驗，我是一個典型的社會型人。社會型的最大特點就是熱愛「助人」類型的工作，例如教師、諮詢師等，並且能夠從助人的過程中得到巨大的快樂。

與此同時，我曾經歷過很長一段時間的不幸福和失眠狀態。當我從那段灰暗時期走出來之後，我便確定自己的人生使命是要幫助更多人變得更加幸福。在這一項使命的推動下，我開始在學校開設幸福課，撰寫關於傳播幸福方法的文章，並且樂此不疲。我想，這就是精神的力量對一個人起到的推動作用。

如果你還沒有找到自己的人生使命，也不要著急，但是你不要因此而停止努力。關於人生使命，賈伯斯曾說：「繼續尋找，不要停歇。」（Keep looking, don't settle.）

推薦大家可以透過讀一本書或看一部電影，去尋找自己的人生使命或終極目標。我推薦的書名為《活出意義來》（*Man's Search for Meaning*），電影則是《一路玩到掛》（*The Bucket List*）。

當你確定好自己的人生使命或終極目標後，你可以設定在每週一個固定的時段，好好溫習這個人生使命或終極目標。對我個人來說，這個時段通常是週末的晚上。

每當我思考自己的人生使命和終極目標時，都等於是在精神上為自己充電一次。這些思考可以讓我從瑣碎的小事中暫時抽離出來，看清楚對我來說真正重要的事情，進而更加果斷地前行。

你總是分秒必爭，難怪工作效率那麼低

你覺得一個人每天有效工作的時間大概有多久？八個小時、五個小時，還是其他答案？

在《奇特的一生》這本書中，作者格拉寧提到，一名俄羅斯的昆蟲學家柳比歇夫，堅持五十六年如一日地記錄自己的作息和每天發生的事件，從「收集昆蟲標本」到「剃鬍子」他都如實記錄，最終得出一個重要的結論：**「無論自己如何努力，每天有效工作的時間也就在四個半小時左右。」**

我曾經是一個喜歡爭分奪秒的人，捨不得浪費時間，恨不得讓每一分每一秒都發光發熱。無論是在家裡，還是在辦公室，基本上我都是坐在桌前學習或工作。

然而，只有我自己心裡清楚，在這樣刻苦用功的背後，是低下的工作效率。有時候雖然人還坐在那裡，但是大腦早已罷工。**這種「分秒必爭」的做法，不僅沒有幫助我多做多少事情，反而搞得身心俱疲**。

於是我開始思考，有沒有一種科學的方法，可以在大幅提高工作效率的同時，又不必分秒必爭，不用把自己搞得這麼累？

後來我讀了《每天最重要的2小時：神經科學家教你5種有效策略，使心智有高效率表現，聰明完成當日關鍵工作》（*Two Awesome Hours: Science-Based Strategies to Harness Your*

Best Time and Get Your Most Important Work Done）。我覺得非常受用，這本書強調的理念和《能量全開：身心積進管理》的理念非常相似，也就是「精力，而非時間，是高效表現的基礎」。

這本書以系統方式講解了當我們在面對工作和學習時，怎樣才能把身體和大腦機能調整到巔峰狀態，進而高效利用時間。書中提到五種實作性較強的方法，在此和大家分享。

1. 認清最重要的事情

一個做事效率高的人和一個做事效率低的人相比，最大的差別在哪裡？其實最大的差別，就是高效的人能夠在一天當中做完許多重要的事情，而低效的人雖然整天忙碌，重要的事情卻沒做幾件。

我們每天都需要面對很多工作，如果不花點時間去認清最重要的事情，就很容易被瑣碎的事情淹沒，進而成為一個不重要的人。

我的心得是，無論自己多忙多累，都一定要空出時間做計畫。**所謂做計畫，就是提前規劃做重要的事所需要的時間。**

一般來說，週末晚上我不會安排具體的工作，會專心致志地規劃下周行程。每天晚上睡覺前，我也會花幾分鐘計畫隔天必須完成的最重要事項。

這個習慣讓我受益匪淺，效率倍增。

2. 管理心理能量

所謂管理心理能量，就是要根據自己的腦力選擇不同難度的活動。

一般來說，一個人的精力在早晨最旺盛，我會用這段最寶貴的時間來讀一些難啃的書籍，例如那本超級難啃的《尼各馬科倫理學》，我就是利用早晨的黃金時間讀完的。

中午吃完飯後，血液都在胃裡，整個人昏昏欲睡，這時可以做些不費腦力的活動，例如整理桌面上的雜物，處理不重要的雜事等等。

晚上如果覺得讀書很吃力，可以選擇聽書。如果感覺聽書比較容易想睡，可以選擇寫作。但是請不要在深夜寫作，這樣容易使大腦過於興奮，不利於睡眠。

很多人會在早上頭腦最清醒，精力最旺盛的時候刷朋友圈、看新聞，一直到大腦有些疲憊了，才下定決心去做重要的事情。我覺得這種行為簡直就是暴殄天物。

我們一定要將最充沛的精力留給最重要的事情，像是刷朋友圈這種不重要的事情，可以留待精力渙散的時再做就好。

3. 理解你的注意力

當你在學習和工作的時候開始頻頻走神，那麼這就表示，你的大腦正在用一種獨特的方式提醒你，該休息一下了。

在《跟著大腦去旅行：分心時，大腦到底恍神去哪裡》（*The Wandering Mind: What the Brain Does When You're Not Looking*）一書中，作者麥可．C．柯博利（Michael C. Corballis）提出：**「走神正是一種休息和放鬆，讓大腦能在經歷高度集中的活動後獲得緩衝，又或者它能夠為我們沉悶的生活增添一絲樂趣。」**

如果你不理會大腦給你的提醒，在注意力不集中的時候依然堅持學習，那麼你的學習效率一定會非常低。

當你注意力無法集中時，起來活動一下，或者戴上耳機聽一段音樂，都是不錯的放鬆方式。此外，其實你不必非得等到走神才去休息，你應該在學習一段時間後（例如二十五分鐘）主動休息，以利腦力恢復。

《能量全開：身心積進管理》書中有段話說得很好：「最豐富、最快樂和最高產的生命，其共通之處就是能夠全力應對眼前的挑戰，同時也不忘了要間斷地放鬆，保留精力再生的空間。」

4. 掌握飲食和運動

我們都知道，葡萄糖是大腦能量的重要來源。如果身體沒有足夠的營養補充，就很難高效地工作。所以如果想要時刻保持高效的狀態，就要經常準備一點零食。例如堅果、水果等等都是不錯的選擇。

此外，及時補充水分也很重要。喝水的好處太多了，不僅可以美容養顏和排毒，還可以避免久坐，因為水喝多了你就得起來上廁所。

促使大腦高效工作的另外一條秘訣，就是運動。大量的腦科學資料早已證實，與久坐不動的人相比，經常運動的人做事效率更高。

很多人因為嫌換裝準備麻煩，所以就懶得運動。其實想讓大腦運轉得更為高效，只需要散步二十分鐘左右，或者沒事多走走樓梯就足夠。

5. 讓環境為你服務

這裡所說的環境，主要是指雜訊和燈光。當周圍存在雜訊的時候，我們很難保持較高的學習效率。這時不要嘗試和雜訊對抗，反而應該換個安靜的地方把事情做完。假如無法逃避雜訊，那就戴上一副隔音效果比較好的耳機吧。有時候你很難想像，僅僅是戴上一款好的耳機，就可以讓自己的學習效率大幅提升。

接下來，我們來看看燈光。在《每天最重要的2小時》這本書中，作者指出：「**類似天氣晴朗時藍天顏色的藍白光，最有助於提高工作效率。**」

所以想要提高工作效率，可以在工作的地方使用藍白光。此外，你也可以將自己的電腦桌面，設置成藍白光的顏色。

通往財富自由之路，努力僅僅是第一步

我有一位朋友，名叫 Tony。

二〇〇四年，他在一座二線城市讀大學，做一個小時的英語家教大概只有十元的收入。現在看來這份收入簡直低得可憐，但是 Tony 告訴我，當時的實際情況卻是他和身邊的同學都在搶著幹。

二〇〇八年，Tony 來到上海讀研究生。入學前的暑假，他在一家初創的培訓機構找了份兼職，為中小學生上英語課，課程的主要內容是提升學生英語的口語表達能力。當時，培訓機構給他每小時四十元的課酬，Tony 感覺這樣的收入已經不低了。

他很珍惜這次機會，於是非常努力地備課和上課。在為期一個月左右的暑假裡，他最後拿到了人生中第一筆「巨額」工資，大約六千元。同時也靠自己的努力，繳了讀研究生的第一筆學費。

二〇〇九年，Tony 感覺中小學課外輔導市場很火，於是開始專心鑽研中小學英語，並且一邊讀研究生，一邊在一家連鎖的課外輔導機構擔任兼職英語老師，類似一對一的家教，一小時大概有六十元的課酬。

再後來，Tony 進到一家更有實力的課外輔導機構，依然做英語課外輔導，第一年實習

期間，一小時大概會有八十元的課酬。當時他還在讀研究所，只是利用業餘時間去做兼職，一個月下來也有四、五千的收入了。

聽到這裡，我覺得 Tony 已經很厲害了。但是他依然不滿足，懷抱著更大的野心。Tony 開始利用業餘時間去學習雅思，並且在雅思考試中，取得很不錯的成績。

經過他的努力不懈，他又應聘到一家非常知名的英語培訓機構去教雅思，上的是大課，一小時課酬有八百元。也就是說，現在他講課一個小時所拿到的報酬，已經相當於之前他講十個小時的報酬了。

Tony 並沒有在每小時八百元的收入面前止步，他試著寫了一本有關雅思詞彙的書籍，雖然算不上是超級暢銷書，但是銷量還不錯，每年差不多會有兩萬至三萬元的版稅收入。

後來，他還在網路上開設有關英語學習方法的線上課程，一次錄好十幾節網課放在網路學習平台上售賣，每個月平均會有一萬元的課程收入。單單計算網課這一塊的收入，Tony 一年下來就有十二萬元左右。加上前面提到的授課報酬以及出書的版稅，Tony 一年大概有三十至四十萬的收入。

Tony 透過自己的不斷努力，以及投資升級，從時薪十元的英語家教開始做起，一直做到了年薪三十至四十萬。這裡頭不光存在著努力因素，還有不斷升級的賺錢思維。Tony 將他的賺錢思維概括為以下三個層次。

第一，拚命努力幹活。想要賺更多錢，想在這個世界上謀生，第一步一定是拚命努力。但是在這個人心浮躁的時代，人們往往容易低估努力的重要性。

插座學院的副總裁粥左羅，曾在一篇文章中指出：「大V們告訴你，選擇大於努力，平台大於努力，機遇大於努力，聰明大於努力，方法大於努力。但這是真相嗎？什麼都大於努力，最後那些都成了你不努力的擋箭牌。世道變壞，就是從嘲笑努力開始。」

如果不是拚命努力，Tony 就無法在二〇〇八年的那個暑假，賺得自己讀研究生的第一年學費。如果不去拚命努力，無論是誰都很難賺得第一桶金。

尤其是在一個人能力沒有獲得顯著提升，人脈關係還不夠廣泛，擁有的資源十分有限的前提下，這個人就只能依靠自己的拚命努力，來賺得相應的酬勞。

如果你是一個剛畢業的大學生，或是一個初入職場的小鮮肉，請你一定不要忽視拚命努力的重要性，這是安身立命之本。

第二，著手提高時薪。在埋頭苦幹一段時間之後，想要在賺錢方面繼續進階，就必須考慮如何提高時薪的問題。請注意，這裡說的是時薪，而不是月薪和年薪，因為月薪和年薪，都帶有某種欺騙性。

舉例來說，華仔在一家世界五百強上班，年薪二十萬。而他的朋友強仔，在學校裡面當老師，年薪只有十萬。

如果光是比較年薪，我們當然會覺得華仔的薪水比較高。然而，如果我們分別計算兩個人的時薪，就會得出不一樣的結論。

華仔的工作經常需要加班，每天要工作將近十六個小時。而強仔幾乎不需要加班，每天最多工作八個小時，同時每年還有將近三個月的寒暑假。如果用兩個人的年薪分別除以兩個人的工作時數，我們就會發現，其實強仔比華仔的時薪還要高。

透過時薪的概念，往往能更加準確地反映，一個人在單位時間內所能產生的價值，也更能體現一個人的自身價值。

那麼，如何才能提高自己的時薪？從前文 Tony 的案例中，我們能夠悟出兩條重要的經驗，那就是投資自己和巧借平台。

當 Tony 不斷地投資自己學習英語時，他的英語教學水準也在不斷上升，於是他的時薪也不斷地提高。

但是其中還有一個重要的變數，那就是平台。為什麼有些人一跳槽，工資就會提高一倍？很顯然，一個人的能力很難在跳槽的短暫時間內實現「質」的提升，透過更換公司，自己的能力與價值可以得到更大程度的體現，於是就達到了提升時薪的目的。

第三，增加「睡後收入」。對於很多英語培訓機構的老師來說，無論他們的時薪多麼高，只要他們不去授課，就無法獲取任何收入。也就是說，他們賺的往往只是一份辛苦錢。

而在 Tony 的收入結構當中，則有圖書版稅和網路課程，可以源源不斷地為他帶來報酬。即使 Tony 在睡覺，他的書和線上課程依然辛勤地在為他賺錢。

套用李笑來老師的說法，這叫作「睡後收入」。第一次聽到睡後收入的概念時，我感覺很新奇。

其實，睡後收入並不是什麼新鮮獨創的概念，在理財類暢銷書《富爸爸，窮爸爸》中，作者羅勃特・T・清崎（Robert T. Kiyosaki）提出了「資產性收入」的概念，其實就和睡後收入是同一個意思。

所謂資產性收入，是指不需要我們到場，就能取得的收入。要想提高自己的睡後收入，其實離不開前兩個階段的參與。只有當你不斷努力，不斷提升自己的時薪，才有機會獲得睡後收入。

無論你是出版一本書，還是發明一項專利，抑或是創作一首音樂，只要這些原創性作品具有一定的市場價值，都可以為你帶來源源不絕的資產性收入。

要想走向所謂的「財富自由之路」，我們就必須設法增加自己的資產性收入。對於一個年輕人來說，他所擁有的最大資產就是自己，只有不斷地努力，不斷地提升，才有機會增加自己的資產，不必一輩子都靠出賣苦力謀生。

第3章

成功必備軟實力

想要輕鬆搞定時間管理，需掌握三個關鍵字「土豆、青蛙、番茄」。土豆是指將待辦事項全部收集到清單當中，然後再進行處理；青蛙是指一開始就做最重要的事情；番茄是指保持「專心致志工作二十五分鐘，然後再休息五分鐘」的工作或學習節奏。

五個步驟學會知識管理，讓知識真正改變人生

我是一個喜歡讀書的人。前年讀了四十本，去年讀了六十本，今年計畫讀一百本書。但如果你問我讀書對我的生活產生了哪些改變，我卻很難馬上回答你。

實際上，我經常會陷入一種自我懷疑的狀態，貌似讀了很多書，但是好像只有在年底回顧總結的時候，才會稍微感覺到一絲充實感。此外，讀書並沒有實際幫助我改善生活，自己的核心競爭力也沒有獲得多大的提升。

直到讀了田志剛老師的《你的知識需要管理》後我才恍然大悟，若想透過讀書來改變自己的人生，就必須學著進行知識管理。此書中提出了知識管理的五個步驟，除了簡單容易操作，也非常具有啟發作用，在此我將結合自己的經歷分享給大家。

1. 學習知識——你會學習嗎

定義：學習知識包含兩個層面，一是能夠快速、有效地獲取知識。二是在學習知識的時候能夠聚焦，也就是深入且有系統地學習某一知識領域，成為該領域的專業人士。

重要性：為什麼要快速、有效地獲取知識呢？有些人一個月都讀不完一本書，有些人一個小時就能讀完一本。這兩者之間的差距，就在於是否掌握了快速、有效的讀書方法。

如果一本書總是讀不完，無疑會重挫一個人的自信心。因此能夠快速、有效地獲取書本上最有價值的知識，是每個人都該掌握的一門功課。

為什麼學習知識的時候要聚焦呢？**因為學習任何領域的知識必須要達到一定的深度，否則你的知識就只是常識而已。光憑常識怎麼可能為你帶來個人的競爭優勢？**與其在各方面都是新手或初學者，不如集中精力成為某一方面的專家。

提升方法：如何快速、有效地讀書，進而高效地學習知識呢？強烈建議大家閱讀齊藤英治的《國王的快讀法》，裡面有許多關於讀書的方法論。

那麼，如何在學習的時候聚焦，進而在一個細分領域達到專家水準呢？《書都不會讀，你還想成功》的作者提出一個方法，那就是在一年的時間內，先讀一百本與自己專業相關的書籍。等到專業知識牢固，建構了自己的核心競爭力之後，再去接觸其他領域的知識，再去跨界也不遲。

2. 保存知識——要用的時候能找到

定義：用科學方法保存知識，其好處就如同你去一間圖書館一樣，很快就能夠根據圖書館的分類索引找到自己想要的書。因此科學保存知識的標準，就是在需要使用某方面知識的時候，能夠快速、準確地提取這部分的知識。

重要性：你是否有過類似的經歷？你模糊地記得在什麼地方曾經看過一項研究結論，但想找時卻耗費了很長時間，最後還因為找不到而搞得自己心煩意亂。可見，科學保存知識有多麼重要。

提升方法：我有記錄讀書筆記的習慣。當我讀完一本書之後，都會把書中的精華內容打成 Word 檔案保存下來，讓一本厚書濃縮後「變薄」。如此一來，當我需要用到某個知識點的時候，就不需要翻箱倒櫃去尋找某本書，只需在電腦上用檔案搜尋就可以了。

此外，我們還可以利用「有道雲筆記」、「印象筆記」等網路工具保存知識。這些工具可以將有價值的知識保存到雲端，如此一來知識就不容易丟失了。

為了更便於保存知識，我們需要選擇放棄價值不大的知識，建議大家閱讀《斷捨離》這本書。雖然這本書主要在講如何整理雜物，不過整理知識也是一樣的道理。

3. 共用知識——讓人了解你知道

定義：把自己學到的知識與其他人分享，讓別人了解你會某方面的知識。

重要性：我們身邊經常會有覺得自己學了很多知識，也很有才華，卻總是鬱鬱不得志的人。仔細分析這些人，會發現他們似乎都有個共同點，那就是他們不太願意和其他人分享自己所學的知識。可是不主動分享知識，別人就很難知曉你。當機會一旦來臨，別人也就很難想起你。

請記住，在一個高度競爭的社會，酒香也怕巷子深。正如《你的知識需要管理》一書所說：「傳遞與共用自己的知識，是建立個人品牌的最簡單的方法。不但可以促進人們對你的了解和信任，還能為個人發展開拓新的天地。」

提升方法：我經常會暗自慶幸自己生活在網路時代，即使是普通人也可以透過經營自己的自媒體，取得一定的影響力。在網路時代，我們可以借助各式各樣的網路平台，和別人共用自己的知識。這些平台例如微信公眾號、微博、簡書、豆瓣、知乎等等。當然，分享的前提是我們要有足夠的知識儲備量。

很多自媒體的大紅人，都會採用「整合行銷」的思路分享自己的知識。所謂整合行銷，就是綜合以上提到的多種網路平台去分享知識，進而達到傳播效益的最大化。

關於如何分享知識以及如何建立自己的個人品牌，推薦大家閱讀《自品牌：社交媒體時代如何打造個人品牌》（*Promote Yourself*）這本書。

4. 使用知識——讓知識帶來價值

定義：所謂使用知識，是指將所學的知識付諸實踐，讓知識充分發揮其價值。

重要性：我們學習知識的目的，在於使用知識讓我們的生活變得更美好。具體來說，我們想要透過學習知識陶冶情操、改善生活、升職加薪、培養個人影響力及獲得尊重等等。但是在現實生活中，很多人讀了很多書，學了很多知識，生活卻沒有發生多少積極的改變。追究其原因，問題就在於沒有將知識付諸實踐。

管理學大師彼得・杜拉克曾說：「把才華應用於實踐之中，才華本身毫無用處。許多有才華的人一生碌碌無為，通常是因為他們把才華本身看成一種結果。」

提升方法：樹立「學以致用」的理念。《道德經》裡提到：「上士聞道，勤而行之；中士聞道，若存若亡；下士聞道，大笑之。」這段話所強調的，就是必須學以致用。

在這個時代，很多人透過學習、使用知識，過著有尊嚴的生活。不信你看看身邊那些年輕有為的斜槓青年和自由職業者，有很多人都是透過知識改變人生的典範。

無論是在各種平台上寫文章、出書，還是做諮詢、做培訓，這些人最終都是透過運用知識為自己賺得體面的收入，過著有尊嚴的生活。

我們要如何透過使用知識，而讓生活變得更加美好呢？我推薦大家閱讀《NO！不能只打一份工》（*One Person / Multiple Careers*），這本書為「如何透過運用知識來賺取額外收入」提供了有效的框架。

書中指出，無論是哪種知識工作者，都可以透過寫作、教學、演講和顧問的方式來運用知識，進而賺得相應的收入。

5. 創新知識——用創新超越競爭

定義：指透過知識的創新，來維持個人或組織的競爭優勢。

重要性：在這樣一個跟風盛行的時代，要想保持競爭優勢，就必須做好知識創新。知識創新可說是其他創新的基礎。

在《與成功有約：高效能人士的七個習慣》書中，史蒂芬．柯維說：「任何事物都是兩次創造而成。我們做任何事都是先在頭腦中構思，也就是智力上、第一次的創造。然後付諸實踐，也就是體力上、第二次的創造。」

提升方法：首先我必須承認，真的很難用一小段話來概括如何提升一個人的知識創新能力。不過有一個道理我非常清楚，那就是想要實現創新，必須從借鑒別人的經驗開始，千萬不要做「重新發明車輪」的傻事。

記得念大學的時候，我學的是心理學專業，同時也對學習英語很感興趣。於是自己悶著頭，從心理學教材中挑了幾個關於記憶和聯想的相關規律，準備創造一個學習英語詞彙的高效方法。

當時的我年輕氣盛，悶著頭研究了好長一段時間，籌畫要在某個時間發表自己這份「驚世駭俗」的研究成果，而且還經常會沉浸在「自己好偉大」的自戀幻覺當中。

有一天我去逛書店，碰巧看到了一本關於記憶英語詞彙的書。當時我驚呆了，因為這本書早已把我想到、沒想到的心理學方法都講出來了，而且非常有系統，講得很透徹。

本來我還懷抱著美夢，認為「自己即將實現英語詞彙學習方法的重大突破」，那一刻才明白自己真是又傻又天真。

這就是閉門造車的後果。只有善於借鑒別人經驗的人，在達到一定的高度之後才有資格去創新，如果只是一個人悶著頭苦幹，到最後往往會發現自己的「創新」徒勞無功，因為現實中早就存在相應的東西了。所以要想實現知識創新，必須先抱持開放的心態，努力借鑒別人的經驗，等達到一定高度之後再去談突破和創新。

最後在如何創新方面，推薦大家閱讀一本心理學著作，書名是《創造力：心流與創新心理學》（*Creativity: Flow and the Psychology of Discovery and Invention*）。這本書總結了創造力產生的方式，以及如何提升創造力的實用建議。

土豆、青蛙和番茄：三個關鍵字幫你輕鬆進行時間管理

很多學習和工作上的壓力，往往是因為不擅長時間管理所造成。因此，學會時間管理的知識，對每個人都很有價值。

然而，關於時間管理的方法百百種，如何才能快速學會一套實用的時間管理方法呢？下面，就讓我們透過三個關鍵字：**土豆**、**青蛙**、**番茄**，來快速掌握一套科學、有效的時間管理方法。

所謂土豆，就是指將待辦事項全部收集到清單中，然後再進行處理。在時間管理學中，我們將各式各樣的待辦事項稱為「土豆」。因為土豆與待辦事項的英文「To Do」發音相似。

比方說，寫這篇文章的早上，在我剛剛起床的時候，我的大腦中盤旋著各式各樣的待辦事項。例如：本周計畫寫三篇訂閱號文章，到現在有一篇沒發表、有一篇學術論文沒有完成，還有本周的閱讀計畫也沒有完成。我還想要理髮、想要學如何搭建人脈關係，以及想要學習太極拳等等。

然而，一個人的大腦容量很有限，當大量的「土豆」（待辦事項）充塞大腦的時候，就

會影響大腦的頻寬，降低工作效率，讓人感覺心神不寧。

在心理學上，我們將一個人反覆思考同樣的事情，並因此在消極情緒中越陷越深的情形稱為「思維反芻」。那麼，我們該如何才能有效處理囤積在大腦中的「土豆」，走出「思維反芻」的陰霾呢？

在時間管理書籍《搞定：工作效率大師教你事情再多照樣做好的搞定5步驟》（*Getting Things Done: The Art of Stress-Free Productivity*）當中，作者大衛・艾倫（David Allen）提出了一個重要的時間管理技巧，也就是**「把待辦事項趕出大腦」**。

那麼，當這些待辦事項被從大腦趕出來之後，應該何去何從呢？答案就是「清單」。記錄待辦事項的清單可以是一張Ａ４紙，也可以是手機中的一款ＡＰＰ。而你要確保完成的事，就是在這張清單上，百分之百地收集羅列出所有的待辦事項。因為，**只有把待辦事項全部存入大腦外部的某個媒介中，才能徹底解放大腦**。

市面上有很多清單管理類的ＡＰＰ，我習慣使用「滴答清單」來管理待辦事項。收集待辦事項只是第一步，第二步則是處理。我們可以將所有的待辦事項分為兩類，第一類是有明確截止日期的待辦事項，第二類是沒有明確截止日期的待辦事項。

對於有明確截止日期的待辦事項，我們可以將其轉移到手機的行事曆中。例如，我可以將本周計畫完成三篇文章按日期排進行事曆裡，在週二、週四、週六各完成一篇文章，然後安排在週三完成論文的第三部分、安排在週五讀完《阿德勒談人性：了解他人就能認識自己》（*Understanding Human Nature*）。

通常我都是用「三六五日曆」這款程式，來管理有明確截止日期的待辦事項。對於沒有明確截止日期的待辦事項，可以繼續保留在清單當中，等有空的時候再去做。例如，理髮、學習如何搭建人脈關係、學習太極拳這些待辦事項，就繼續保留在清單中，挑選合適的時機再規劃執行即可。

所謂青蛙，是指一開始就做最重要的事情。

在時間管理學當中，「青蛙」這個詞代表要事優先。這個說法源自於馬克．吐溫的一句名言：「如果你一早醒來就吃掉一隻活青蛙，那麼在接下來的一天裡就不會有什麼困難的事了。因為剩下的事當中，沒有什麼比吃掉青蛙更加讓人難受的了。」

史蒂芬．柯維在《與成功有約：高效能人士的七個習慣》中，講到了高效能人士的一個重要習慣——要事第一。管理學大師彼得．杜拉克在《杜拉克談高效能的5個習慣》（*The effective executive*）當中，提到成為卓有成效的管理者的一個秘訣，就是要把重要的事情放在最前面做。

從心理學來看，一個能夠自律的人，最核心的品質就是能夠推遲滿足感。而推遲滿足感

的重要標誌，就是能從最難搞定的重要事情開始做起。

所以要想進行時間管理，一定要克服畏難心理，每天都要從最艱難、最重要的事情開始做起。假如能做到這一點，你就會越來越有成就感，一天的心情也會越來越好；從最容易且無關緊要的事情開始做起，你就會揹負沉重的心理負擔，一天的心情也會越來越糟。

所謂番茄，是指保持「專心致志二十五分鐘，然後再休息五分鐘」的工作節奏。

在時間管理學當中，「番茄」代表著番茄鐘工作法。番茄鐘工作法是一種可以幫助你快速集中注意力的好方法，它主張「工作二十五分鐘之後休息五分鐘，然後再工作二十五分鐘，再休息五分鐘」的作息規律。持續運用，可以大幅提升做事效率。

也許有人會問，為什麼一定要專心二十五分鐘再休息？如果專心十五分鐘，或四十分鐘之後再休息不行嗎？答案是完全可以，但前提是你要找到最適合自己的工作節奏。

不過大量實驗資料已證明，成人的集中注意力可以維持在二十五分鐘左右。在二十五分鐘後，我們就應該休息五分鐘，這時最好是站起來稍微活動一下身體。

需要注意的是，最好不要在這五分鐘時間內玩手機。因為一旦開始玩手機，就容易被各式各樣的新聞或消息吸引，進而沉溺其中無法自拔，休息時間往往會超出五分鐘，使得番茄鐘工作法失去效益。

在心理學上有個「那又如何」效應，指的是一種從放縱、後悔到更加放縱的惡性循環。透過玩手機放鬆，很容易受到「那又如何」效應的影響。一個人會在長時間玩手機後感到內疚和後悔，可是這種內疚和後悔的情緒，卻無法使這個人果斷放下手機，反而讓他變本加厲地去玩。

向大家推薦一款簡單實用的APP，可以幫助大家更容易運用番茄鐘工作法，這款APP的名字就叫做「番茄時鐘」。

簡單總結一下，本文所介紹的時間管理方法就是先收集待辦事項（土豆），然後再從最艱難且最重要的事情開始做起（青蛙），最後用番茄鐘工作法（番茄）高效完成這些事情。

希望這三個關鍵字，能夠幫助你輕鬆搞定時間管理。

學會精力管理，在工作中重新煥發活力

當我為了工作忙得焦頭爛額的時候，便試著去學一些時間管理方法。例如要事第一法、番茄鐘工作法、四象限法則等。

然而，當我實際運用這些方法的時候，雖然運用時間的效率有所提升，但我很快又發現了一個新的問題，那就是「心有餘而力不足」。也就是說，我總是會感覺精力不夠用。

比方說，每天我都會列出一天當中最重要的三件事情，然後逐一去做。不過往往在做完第二件事情的時候，大腦就感覺有些疲憊，工作效率也開始直線下降。

其實我們所做的每一件事情，都需要投入精力。如果沒有旺盛的精力做基礎，縱使掌握最棒的時間管理方法，也無法高效地學習和工作。在《能量全開：身心積進管理》一書中，作者舉出一個重要觀點：「精力，而非時間，是高效表現的基礎。」

如果一個人的精力儲備量不夠，縱使擁有再多時間，也無法達到高效。唯有擁有旺盛的精力，才能讓時間發揮出最大的價值。

只不過，我們還必須清楚地認識到一個事實，那就是一個人的精力在一定範圍內是有極限的。簡單來說，假設一個人要做兩件事情，要是在第一件事情上耗費太多精力，那麼用來做第二件事情的精力就必然會減少。以下，我們就用兩個例子來說明。

一項心理學研究發現，對於那些在工作時忍住不去閒聊的人來說，他們更加容易屈服於甜點的誘惑。原因很簡單，因為忍住不和別人聊天會耗費很多精力，在面對甜點的時候，就沒有充沛的精力去對抗誘惑了。

另一項針對史丹佛大學學生的研究發現，在考試週期間，學生們會抽更多的菸，吃更多的垃圾食物。為什麼會這樣呢？因為在考試週，學生把大部分的精力都用在拚命準備考試，而留給抵抗菸癮和垃圾食物誘惑的精力便所剩無幾。

雖然一個人的精力在一定範圍內有其極限，但我們可以運用一些方法來拓展極限。就像一個人的肌肉力量是有極限的一樣，對於剛開始做伏地挺身鍛鍊胸肌的人來說，做二十個伏地挺身就會到達極限。然而透過科學合理的訓練，卻能慢慢地拓展自我的極限，最終做到一百個伏地挺身。

以下我將介紹幾個拓展精力極限的實用方法，讓我們的精力變得更加旺盛。

1. 調整呼吸

可別小瞧了呼吸這件事。科學的呼吸方法不僅有利於恢復精力，同時又能帶來深度放鬆。在凱莉・麥高尼格（Kelly McGonigal）所著的《輕鬆駕馭意志力：史丹佛大學最受歡迎的心理素質課》（*The Willpower Instinct: How Self-Control Works, Why It Matters, and What*

You Can Do To Get More of It）一書中，提出一個呼吸方法非常管用，大家可以嘗試看看。

首先，將呼吸頻率降低到每分鐘四至六次，每次用十至十五秒的時間呼吸，要有足夠的耐心，只要進行一至二分鐘的呼吸訓練，就可以提升精力儲備。

2. 合理膳食

提供人類精力的一個重要來源，就是食物。我們的大腦需要從食物攝取足夠的糖分，以轉化成能量。當你感到饑餓的時候，就很難集中注意力去做事情。

《能量全開：身心積進管理》中提到，一天內吃五至六餐低熱量且高營養的食物，就能提供穩定的精力。換句話說，在一日三餐之外，我們還應該在早飯至午飯之間，以及午飯至晚飯之間，適量補充一些零食。那麼，吃什麼樣的零食比較好呢？

根據書中的建議，兩餐之間的零食熱量應該控制在一百至一百五十卡之間，應選擇低糖的食物，例如堅果、水果或半條兩百卡的能量棒。

3. 補充水分

我們不能總是等到口渴才去喝水，因為等我們真正感到口渴的時候，身體或許已經缺水很久了。

喝水不足會影響大腦的注意力和協調能力。那麼，每天究竟應該喝多少水呢？我在網路上搜尋資料，流傳最廣的說法為「一天要喝八杯水」，但這個說法也遭到很多人的質疑。

根據中國營養學會發佈的新版「中國居民膳食指南和中國居民平衡膳食寶塔」，一個人每天飲水應在一千兩百毫升左右（約六杯水，每杯水兩百毫升）。折算成六百毫升的礦泉水，一天喝兩瓶也就足夠了。當然，如果你有進行大量運動，飲水也應適量增加。

4. 保證睡眠

睡眠，則是恢復人類精力的另一個重要來源。即便是輕度的睡眠不足，也會影響到人的整體精力水準。目前普遍的科學共識顯示，只有在每天保證七至八小時的睡眠下，人體才可以運轉良好。

心理學和腦科學的研究發現，睡眠不足會影響身體和大腦吸收葡萄糖，而葡萄糖是能量的主要儲存方式。如果你睡眠不足、感到疲憊，身體細胞就無法從血液中吸收葡萄糖和儲存能量。細胞無法獲得足夠的能量，你就會感到更加疲憊。

曾經有一段時間我常拖到很晚才睡，然後隔天又很早起來學習，於是就無法保證充足的睡眠。我曾經用親身經歷，證明了什麼叫作「早起毀一天」。由於睡眠不足，一整天都呵欠連連，工作和學習的效率也自然高不到哪裡去。

5. 保持積極情緒

心理學相關研究發現，積極情緒會讓一個人渾身充滿活力，而消極情緒則會耗盡一個人的精力。那麼，如何才能保持積極的情緒呢？

答案是，遠離喜歡抱怨的人，多做一些能夠帶來積極情緒的事。例如，當你累了的時候，戴上耳機聽一段輕音樂；在一個安靜的空間裡，讀一本自己真正感興趣的書；或是到附近的公園去走一走等等。

千萬不要指望刷手機朋友圈能為你帶來積極情緒，有許多人都是越刷朋友圈，越感覺空虛和無聊。

6. 試著讓自己變得樂觀一點

悲觀的思維，會損耗一個人的精力。如果你很容易因為別人一句批評的話，或是自己犯下的某個錯誤，甚至為了捉摸不透的未來而感到憂心忡忡，那麼你就需要調整一下自己的悲觀思維。

正向心理學之父馬丁・塞利格曼認為，樂觀是一項可以習得的技術。悲觀的人應該學習讓自己變得樂觀的技術。其中最核心的一項技術，就是**以事實為依據，和腦海中自動湧現出來的負面想法進行辯論**。

比方說，你的減肥計畫成功地堅持了二十九天。在第三十天的時候你懈怠了，忍不住吃了一塊提拉米蘇。對一個悲觀的人來說，他會很容易以偏概全，認為自己的減肥計畫失敗了，然後斷定自己是一個沒有意志力的人，進而全盤放棄減肥計畫。

但是實際上，這些都只是你的負面想法罷了。假如你以事實為依據，和負面想法進行辯論，就會發現偶爾吃一次甜點，並不能證明你的減肥計畫就此失敗，更不能說明你就是一個沒有意志力的人。吃一次甜點不會讓體重馬上上升，只要後面繼續堅持減肥計畫，就仍然有可能減肥成功。

7. 尋找使命感

沒錯，就在寫這篇文章的前一天，我連續和學生開了三場班會，同時又上了近兩個小時的幸福課。即便身體很疲憊，感覺精力有些透支，但是我依然能夠堅持下來，並且給別人留下激情四射的印象。

為什麼呢？因為和學生在一起的時候，是我最開心的時候。能夠幫助學生成長或是幫助他們變得更加幸福，就是我的個人使命。有時候，在使命感的支撐下，人們可以透過自己的意志力去彌補精力的不足。

例如，某個獻身於新聞事業的記者，可以憑藉意志力，連續二十四小時不休息地去直播某個重大的新聞事件。如果你知道自己為什麼而奮鬥，確認了自己的使命感，那麼再苦再難你也會熬過去。

俗話說，「知而不行，不如不知」。希望大家都能夠學以致用，將以上七個精力管理的方法實踐應用，讓自己的精力管理做得更好，重新找到激情四射的感覺。

借用金字塔原理，有效提升職場說服力

很多人在表達自己觀點的時候，容易給別人重點不夠突出、說話沒有邏輯、思維混亂，想法難以讓人理解的感覺。

想要有效解決上述問題，可以使用金字塔原理。所謂金字塔原理，是一種思考問題和表達見解的方法，特色在於它能使重點突出、邏輯清晰、層次分明、簡單易懂。

學會掌握金字塔原理，將有助於更能表達自己，提升在職場上的說服力。在李忠秋老師的《結構思考力》一書當中，他將金字塔原理總結為以下四個基本原則——**結論先行**、**以上統下**、**歸納分組**、**演繹遞進**。以下我透過四個具體案例，幫助大家掌握金字塔原理，提升自己的職場說服力。

1. 結論先行

所謂結論先行，是指在說服對方的時候，先亮明自己的觀點，說出自己的結論，然後再去論證自己的結論。

案例：一家旅遊公司的老總，要小王考察一個新開發的旅遊景點，考察目的是評估A景點是否適合作為公司下一步主推的旅遊專案。

小王去A景點考察了三天，回來彙報：「老總，A景點的交通不是很方便，配套酒店也不多。不過一條新的道路會在近期修繕完成，在考察的過程中，我還發現有不少環境優雅的民宿可以利用。A景點主打自然景觀，自然環境好，空氣品質不錯，應該能夠滿足都市客群想要親近大自然的心理需求。不過A景點與其他旅遊景點相隔較遠，不太適合做成多日遊的專案。」

分析：如果你是小王的老總，聽完他的彙報之後，會覺得搞不清楚重點吧？因為小王在彙報的過程中，始終沒有提出一個鮮明的結論。簡單的說，小王完全沒說明A景點究竟適不適合作為公司下一步主推的專案，他所提供的只是一堆雜亂無章的資訊而已。

如果小王能夠採取結論先行的方式表達，就可以大幅度提升自己的職場說服力。例如，小王可以這麼說：「老總，我覺得A景點非常適合作為下一步主推的一日遊專案，原因有以下三點。第一，A景點的自然環境和空氣品質都很好，能夠滿足長期在都市生活的人們親近大自然的心理需求，是一處優質的自然景點。第二，A景點的交通和配套設施沒有太大問題，因為道路會在近期修繕完成，當地也有許多民宿資源可以利用。第三，A景點適合做成短途一日遊項目，花費不會很多，性價比較高。」

如果是這樣進行表達，是不是就會更具說服力，同時也能快速理解意思了呢？

建議：相信大家都曾聽說過「麥肯錫三十秒電梯理論」，當年麥肯錫一位項目負責人，由於無法在乘坐電梯的三十秒內說明自己的項目，進而喪失重要的大客戶。

在商務場合中，每個人都很珍惜自己的時間。如果你能在三十秒或是較短的時間內表達清楚自己的觀點，就能掌握先機。尤其是當你面對一個不耐煩的上級或重要客戶時，採取結論先行的表達方式，能讓對方快速地領悟你的意思，提高說服力。

2. 以上統下

所謂以上統下，是指當你在說服對方的時候，你的論據要緊密跟隨論點展開，不應該輕易偏離。以上統下的「上」指的是論點，「下」指論據。

案例：小張是名汽車銷售員。有一天，一個客戶想買一輛體面的中級轎車，不過小張卻想推薦一款運動型中級轎車。於是小張不斷向客戶介紹新推出的運動型轎車，不斷強調這款車型加速成績多麼好，路感多麼清晰，多麼富有駕駛樂趣等等。然而，客戶卻絲毫提不起興趣，最後到另一家汽車4S店購入中級轎車。

分析：為什麼小張沒能搞定這個客戶呢？原因就在於沒有根據客戶的核心訴求點下功夫。

案例中小張所強調的論點，諸如汽車加速成績好、路感清晰、富有駕駛樂趣等，都是依據「汽車性能好」的論點在介紹，而非依據客戶在乎的核心論點，也就是從「汽車要足夠體面」去下功夫。

如果依據客戶需求的論點，小張應該努力強調汽車的內部乘坐空間寬敞、外觀優雅大氣、各項配置較高級等，這樣才能真正打動顧客。

建議：當年我在讀研究生的時候，有位老師分享一個寫好論文的秘訣：「重論點而不流離，重論據而不妄言。」這其實也是提高職場說服力的不二法門，和以上統下的原則有著異曲同工之妙。

當你要說服某個人的時候，請先弄清楚你的論點是什麼，然後再依據論點構建你的論據，不要輕易偏離。因為只有這樣才能直擊人心，有效提高說服力。

3. 歸納分組

前文提到，我們應該依據核心論點來構建論據，不能偏離。不過我們很快就會碰到一個新的情況，假設我們準備了許多條論據，然而若論據沒有得到很好的整合，就依然會給人凌亂的感覺。

這時，應該使用金字塔原理的第三條原則「歸納分組」，對論據加以分類整理，讓它看起來更有條理。

案例：小馬的公司最近有一個職缺，職位是公司海外辦事處的辦事員，想從公司內部選拔徵選。小馬覺得自己的條件非常符合該職位，於是就跑到總經理辦公室毛遂自薦。

面對老總，小馬一口氣說出了許多個理由，包括自己的英語水準出眾、責任心強、抗壓能力強、工作認真負責、跨文化交流能力強、樂意接受挑戰，以及工作勤懇等等。

分析：即便小馬說了很多自己的優勢，不過大致上可以概括為三大類：出色的業務能力（英語水準出眾，跨文化交流能力強）、正向的心理素質（抗壓能力強，樂意接受挑戰）、堅強的思想覺悟（工作勤懇，責任心強）。

如果小馬能將自己的優勢有效做個分類，就會給人一種思路清晰、頗具說服力的感覺。

建議：在職場中很多人都有非常不錯的點子和想法，不過卻因為不懂得做好歸納和分組，結果未被採納，導致錯失良機。

有些職場人士，當他們在說服別人的時候，往往會從三個方向來談；有些領導人開會的時候，往往也喜歡只講三點，這都是具體運用了歸納分組的原則。同時，這也符合了記憶的規律，因為要是你的論據太多，別人就很難記住，分成三點來談，能讓人印象深刻。

4. 演繹遞進

我們都知道，歸納和演繹是兩種重要的邏輯思維。先前我們說明了第三條原則「歸納分組」，接下來要來說明「演繹遞進」。所謂演繹遞進，就是運用三段論的方式說服對方。

案例：回到剛剛小馬想要應聘公司海外職位的案例，根據第三條原則歸納分組，小馬將自己的優勢概括為三大項：出色的業務能力、正向的心理素質、堅強的思想覺悟。那麼，是不是只要將這三條優勢清晰地表達出來，老總就能被說服，小馬就能心想事成？

答案是不一定。假如這個職位需要一個文筆比較好、電腦水準優秀、思考比較獨立的人，那麼小馬就沒戲了。

分析：如果小馬能運用演繹遞進法，就更加容易取得成功。想要說服老總，應使用以下的思路：第一步，要先弄清楚海外專員的職位需要具備哪些素質，接下來再針對性地強調，自己的確擁有這些素質，以絕對性的優勢說服老總。

也許聰明的你一眼就能發覺，這不就是亞里斯多德的三段論嗎？沒錯，三段論就是標準的演繹法，而構成方式就是大前提、小前提、結論。

建議：在工作中，如果你發現對方不願意接受某些觀點，可以嘗試運用演繹遞進的方式強化、論證。如此一來，你的表達就會更具說服力。

在運用演繹遞進原則時，最關鍵的就是必須掌握正確的大前提。這些大前提都是一般性的原理、行業規律、基本規則等常識。只有先掌握這些大前提，在此基礎上進行邏輯遞進，才能真正達到說服別人的效果。

比方說，你是一名銷售顧問，該如何借助演繹遞進法來銷售英語課程？首先，你可以強調一個比較容易達成共識的大前提，例如：「擁有良好的英語水準，能夠更容易升職加薪。」然後再強調小前提：「我們提供的英語課程，能有效提升你的英語水準。」最後再得出結論：「選擇我們的英語課程，可以幫助你更容易升職加薪。」

當然，這只是一個大致的思路，現實中的銷售過程要比這個複雜很多。不過順著這條思路走，可以讓你事半功倍。

學會這四條溝通法則，跟任何人都聊得來

無論在職場還是生活中，強大的溝通能力都是一項非常重要的軟實力。然而，想要做到有效溝通，卻不是一件容易的事。

因為有時候你需要根據自身的性格，發展出一套最適合自己的溝通方式。有時你還需要根據不同的情境、不同的溝通對象，採取不同的溝通策略。

我最近讀了一本溝通類的暢銷書《跟任何人都聊得來》（*Confident Conversation: How to Communicate Successfully in Any Situation*），書中提到想要成為溝通高手，你必須要知道四條法則。

我認真體會這四條法則後，覺得非常實用，以下我結合自身經歷和具體事例，解析應如何運用於現實生活。

1. 接納自己的個性，把自己的優勢發揮到極致

在心理學當中，劃分個性最簡單的方法就是分為內向或外向。這裡一定要注意，個性沒有好壞之分。無論你是個內向的人還是外向的人，只要你能接納自己的個性，都有機會成為一名溝通高手。

我的一位老師，就是性格偏內向的人。每次和他聊天的時候，雖然他的話不多，卻總是能直擊人心，帶來很多啟發。

有一次他語重心長地和我分享，作為一個內向者多年來在職業生涯中的體悟。他說在他剛工作的時候，曾經渴望變成一個性格外向的人。在酒席上，他也曾羨慕能夠輕鬆和主管交談的人，但是輪到他對主管說話時，總是覺得不自然，即便偶爾說出幾句好聽的話，也會感覺渾身不自在。

後來老師告訴我，他與自己和解了。他接受自己內向的性格，並且學會把自己的內向優勢發揮到極致。他發現自己很擅長傾聽，雖然他的話不多，但是說出來的話往往都能說到重點。內向的性格並沒有阻礙他和其他人溝通，也沒有阻礙他的職業生涯發展。在我畢業那年，老師還發簡訊告訴我說，他受學校公派，即將赴日本出任某高校孔子學院的院長。

其實，無論你是內向還是外向，都可以做到和任何人都聊得來，關鍵是要接納自己的性格，然後充分發揮自己的性格優勢。

2. 準備越充分，你就越自信

在任何時候，機遇都只青睞有準備的頭腦。準備越充分，人在溝通時就會越有自信，效果就會越好。尤其是在見重要人物之前，一定要做好充分準備。

記得有一次，我想請一位大學教授幫忙處理一些事情，透過關係好不容易得到了和他見面聊天的機會。在見面之前，我盤算著要怎麼做，才能快速和這名教授拉近距離。後來，我在網路上找到這名教授的部落格，仔細翻閱他的文章，發現他對泰戈爾的詩很感興趣。於是在和教授見面前，我花了不少時間去研讀泰戈爾的詩集。

後來在見到教授的那一天，他面帶微笑地坐在我對面。我不經意間說出了泰戈爾的詩：「你微笑，沒有對我說一句話，而我覺得，為了這個，我已經等待很久了。」教授一下子聽出了是泰戈爾的詩，又驚又喜。

因為這首小詩，我們之間的心理距離快速拉近，然後越聊越投機，我所求助的事情也很快得到教授的熱心支持。

3. 永遠保持一顆好奇的心，對他人真正感興趣

這一條法則對我來說，最為受用。在與別人聊天時，我們往往會碰到的問題有無話可說、不知道該聊什麼話題，或是出現冷場。

導致這個問題最可能的原因，就是我們對聊天的對象不感興趣，在聊天的時候無法對聊天內容保持一顆好奇心。

在聊天的時候，我們可以告訴自己：「每個人身上都有不一樣的故事。」如果我們能把

聊天的目標，當成在探尋每個人背後的精彩故事，那麼就會有聊不完的話題。

考駕照的時候，我認識了一名海員。剛開始他的話不多，但是我實在是對他的職業太好奇，於是就問了很多問題。後來我們越聊越起勁，他講了很多他出海的經歷、在船上的生活、碰到海盜時的驚心動魄，或是講他們去不同國家的所見所聞等等。

聽著聽著，我漸漸入了迷。你看，透過聊天我們可以走入另外一個人的世界，這是一件多麼美妙的事情。想要和任何人都聊得來，你一定要常保一顆好奇心。因為只有你對別人真正感興趣，別人才會對你感興趣。

4. 學會從他人的角度出發，真正在意對方

這條法則是指在溝通時，我們應化被動為主動，先學會理解對方，然後再爭取對方的理解。

很多人都曾有類似的感覺，在和同輩聊天的時候毫無壓力，但是和長輩卻不知道從何聊起，常常是聊了幾句之後就無話可說了。

最近這些年，每次回老家時，我總是感覺家裡某些長輩不像以前那樣關心我了。最直接的表現，就是他們不再像以前那樣願意跟我說很多話、問我很多問題。後來，我認真地反省這個問題，發現真正的癥結在於自己的心態還停留在小孩子的層面，總覺得是長輩要主動關

心晚輩。殊不知在長輩的眼中，我早已長大成人，我應該及時轉換自己的角色，主動去關心長輩。

當我從長輩的角度出發，開始在意他們之後，我發現自己和長輩之間竟然也有聊不完的話題。我主動關心他們的身體狀況，走入長輩們的精神世界，和他們一起探討家裡孩子的成長和教育問題，總之就是談他們感興趣的話題，而他們也變得興致盎然。

這個道理不難理解，誰不想在聊天的時候被人在意，被人關心呢？如果你想要對方在聊天時更加關心你，那麼也請你拿出足夠的誠意，先主動關心對方吧。

那麼，是否只要做到以上四點，就真的可以和任何人都聊得來了？

非也。溝通這個行為，需要兩個人共同參與，才能達到良好的效果。假如對方就是不想和你聊天，即使你掌握了許多種聊天的方法，也叫不醒那個裝睡的人。

如果你盡了最大的努力，帶著足夠誠意去和對方溝通，但是對方依然不感興趣，那就果斷放棄吧。你可以換個人聊天，不要把時間浪費在一粒結不出果實的種子上。當然，這種情況很少出現。也就是說，前文說的原則，對於大部分的溝通而言還是適用的。

最後，祝你聊得開心。

人際交往的核心秘訣，想要什麼就先給出去

相信你的手機和我一樣，裡面有很多微信、LINE的聊天群組。

有一天，小A在大學同學群組裡發了一條訊息，希望大家能幫她做一個問卷調查。她說這是公司主管指派的工作，希望大家能夠多多幫忙，在此跪謝云云。結果，半天都沒有一個人回覆，群裡一片死寂。

其實原因很簡單，因為小A平日很少在群裡和其他人互動，只有要利用別人的時候，才會說一大堆好聽的話。

沒過幾天，在同一個微信群組裡，小B發了一條投票連結，原來她的女兒在參加英語演講大賽，希望大家幫忙投票，衝個人氣。很多人紛紛回應，有的還把投票截圖給小B看。

事後，小B給大家發了紅包，還和很多人興致勃勃地交流為孩子報培訓班的經驗，群裡一下子變得特別熱鬧。原因也很簡單，小B總是喜歡在群裡和別人互動，不管是誰發朋友圈，她通常都會點讚或留言，所以大家都喜歡幫助小B。

之前我寫過一篇《你不懂得向別人求助，難怪會活得這麼累》的文章。在這篇文章裡，我鼓勵大家多向別人求助，不要一個人扛下所有的壓力。

緊接著，就有一名大學生私訊我問：「假如我向別人求助，別人不肯幫助我該怎麼辦？

例如，有次我家裡有事沒去學校，剛好有個快遞送到學校，我想請同寢室的人幫我代收。結果每個人都說自己很忙，沒有一個人願意幫我……。」

在社會心理學裡，有一個重要的社交法則叫作**「互惠法則」**。**意指當別人給我們某些好處之後，我們會發自本能地去回報對方。如果不去回報，我們的內心就會產生一種虧欠感**。

根據互惠法則，當你向朋友求助的時候，如果對方不肯幫你，很關鍵的一個原因，就是你之前也不曾幫助過對方，所以對方對你不會有任何的虧欠感。

後來，我問那名學生：「請問你會經常幫同寢室的人代收快遞嗎？或者有幫他們買過飯嗎？」

然後就沒有然後了，那名學生再也沒有回覆我。

其實我想和他說的是，如果你希望自己有困難的時候，眾人都能紛紛過來幫助你，那麼在平常就要下功夫，多去經營人際關係，沒事多去幫助別人。不能等要用到別人的時候，才堆起滿臉的微笑去尋求幫助。這樣的微笑太假，一般人承受不起。

前些日子，我讀了一本有關阿德勒思想的書，是岸見一郎與古賀史健合著的《被討厭的勇氣二部曲完結篇：人生幸福的行動指南》，書中提到一個核心理念，就是**「你想要什麼，那你就要先給出去」**。

細細品味，覺得非常有道理。舉例來說，打籃球的時候我有個切身體會。如果你想要別人經常傳球給你，那你要先學會傳球給別人，而不是一個勁兒地抱怨別人不肯傳球給你，那只能說明你太「獨」了。

有一個朋友告訴我，他有一個親戚白手起家，現在已經積累了上億的資產。而親戚分享給他的賺錢秘訣就是：「如果你想要多賺錢，就要先把錢散出去。」他的親戚是自主創業，每次賺了錢都會分不少給團隊成員。正所謂，錢散人聚，錢聚人散。跟著他幹活的人越幹越有勁，他的生意也就越做越大。

記得我剛在簡書寫作的時候，有一篇文章上了首頁，點閱量迅速飆升。更重要的是，我收到了剽悍一隻貓的打賞。很多人都知道，剽悍一隻貓是簡書的簽約作者、網路上的紅人。我也一直在讀他的文章，從他那裡學到不少東西。

但我也知道，在那段日子裡，剽悍一隻貓的手頭並不是很寬裕，他剛開始做新媒體。他在文章中也如實地寫道：「其實我已經四個月沒有收入了，這四個月我都在啃老本。」

想想看，一連四個月都沒有收入的人，竟然還一直拿錢出來不停給別人打賞，這得有多大的氣量。但是我相信他一定懂得這個道理：「你想要什麼，就得先給出去。」

後來，剽悍一隻貓的微信訂閱號粉絲將近百萬，成了網紅。那麼，他現在大概能賺多少錢呢？我在網上看到他的一篇訪談，題目就叫《從失業到年薪百萬》。

我的師妹楊小米，是訂閱號「遇見小 mi」的創始人，也是一名網路紅人。如果不是校友的關係，我應該很難和這麼優秀的人快速成為好朋友。

在和小米為數不多的接觸當中，她給我最深刻的印象，就是她是一個願意分享、熱愛給予的人。從介紹我在簡書上撰寫文章，到介紹我認識出版經紀人，再到幫忙宣傳我的訂閱號，我始終感覺自己欠她許多人情。我相信，正是這種樂於幫助他人的精神，才讓那麼多的人願意和她成為好朋友、成為鐵粉，她的事業也才會做得如此風生水起。

曾有這麼一則故事：有一個人想要看看天堂和地獄各是什麼樣子，於是神先帶他到地獄。在一個昏暗的房間裡有一張大桌子，桌子周圍坐滿了饑腸轆轆的人。是因為地獄沒有吃的東西嗎？不是，在桌子中央有一口大鍋，裡面燉著一鍋香氣四溢的濃湯。

桌子周圍的人手裡都拿著一把長勺，這把長勺剛好可以搆到鍋裡的湯。但是由於勺子太長，人們無法把湯直接送到自己的嘴裡。所以儘管大家都想要喝湯，每個人卻都餓得面黃肌瘦。

接下來，神又帶這個人前往天堂。在一個明亮的房間裡，擺放著一張和地獄一樣的大桌子，桌子中央也有一口大鍋，鍋裡依舊是香噴噴的濃湯。桌子周圍也是坐滿了人，每個人手裡也有一把長勺。但是與地獄不同的是，天堂裡面的人個個都能喝到濃湯，每個人都心滿意足、滿面紅光。

這是為什麼呢？因為天堂裡的人，他們懂得互相餵湯。而地獄裡的人，只想著怎麼把湯餵到自己嘴裡。

讀到這裡，相信大家已經從中獲得啟發。如果一個人不懂得給予、不懂得分享，整天只想著自己的利益，那麼這個人每天就好像活在地獄裡。

這種人就像是一個永遠都無法滿足的小孩，總是在不停地索取，不停地抱怨這個世界太過殘酷，別人都不願意幫助他。但是如果一個人懂得給予，懂得為別人考慮，那麼他每天就像是活在天堂裡。

把你想要的東西給出去吧，遲早有一天，它會回來的。

戒掉這七種思維方式，你才能真正走向成熟

不管你是否承認，在每個人的思維當中，都存在著一些錯誤的思維方式。這些錯誤的思維方式，就像是一堵堵無形的牆，阻礙我們真正走向成熟。

在《解決問題最簡單的方法：在故事中學會麥肯錫5大思考工具》這本書當中，作者歸納總結了七種常見的思維陷阱。逐條讀下來，感覺每條都切中要害，非常有價值。只可惜受限於篇幅，書中並沒有對這些思維陷阱進行更詳盡的闡述。

以下我結合自己的經歷和體悟，逐條解析這七種思維陷阱。為了方便理解，我將原文中的措辭轉換成更加通俗的說法，希望讀者今後都能避開這些思維陷阱，少走一些彎路，早日遇見更好的自己。

思維陷阱一：逃避問題

定義：所謂逃避問題，就是指遇到問題時，不敢直接面對問題，或是遲遲沒有採取行動。

解析：有一位同學曾留言給我說：「一大堆待辦的事情在眼前，心裡急死了，但就是不想動。覺得看看電視、滑著手機真舒服。老師，我該怎麼辦？」

其實這就是一種典型的逃避問題，我們常說的拖延症，本質上也是逃避問題所造成。逃避雖然會讓你暫時過得安逸，但是卻會讓你陷入更大的焦慮和痛苦之中。

對策：無論你心裡有多麼不情願，心中有多少畏難情緒，都請直接面對問題。如果感覺實在無法鼓起勇氣面對，那就告訴自己先堅持十分鐘看看，真的堅持不下去再放棄。

其實，這就是時間管理方法中的「十分鐘法則」。一旦運用這個法則開啟了工作模式，人們往往會越幹越起勁，根本停不下來。

當我坐在電腦前寫這篇文章的時候，其實很想陪孩子多玩一會兒，或者是多看一下手機新聞。但是為了完成寫作任務，我硬逼自己坐在電腦前，開始遣詞造句。當看到一篇文章漸漸成形的時候，心裡也會變得舒暢很多。

思維陷阱二：否認新提議的可能性

定義：面對一個新提議時，第一反應不是接納，而是找出一堆理由去否定。

解析：當我開始在訂閱號上持續寫文章一段時間後，身邊有朋友開始提議：「你可以嘗試投稿到比較大的網路平台上，如果稿件被採用，可以大幅提升自己的曝光度，說不定可以吸引到更多粉絲。」當時的我，正在為訂閱號寫作所取得的小成績沾沾自喜，對朋友的建議置若罔聞，懶得去改變自己。

直到身邊不少寫作的朋友都透過投稿給大平台，使自己的粉絲快速增長之後，我才恍然大悟，開始真正重視這件事。事實證明，很多圖書編輯正是透過各大平台轉載我的文章而認識我。在這個酒香也怕巷子深的時代，如果不到更大的平台上投稿，我可能到現在都沒有辦法出版自己的書籍。

對策：面對一個新提議的時候，先不要急著去否定，而是要思考這個提議是否暗藏著某些新的機遇。

人們經常會羨慕善於把握機遇，並且在最終獲得成功的人，其實我們又何嘗不是面對著很多機遇呢？只因為「習慣性地否定新提議」的思維方式，將太多的機遇阻擋在門外。

思維陷阱三：盲目聽從他人的意見

定義：所謂盲從他人的意見，就是下意識地接受他人的意見，無法做到獨立思考問題。

解析：兒子剛剛出生的時候，我給兒子取名為熙澤，但是家裡的長輩卻提建議說：「熙澤這個名字含『水』太多，不太好吧？你看熙字四點像水，澤字是三點水……」雖然我從來不相信什麼迷信，但也不想惹家裡的長輩生氣，更不想讓孩子帶著名字中「水太多」的陰影過一生。

然而，我依然想要保住這個名字，同時為了給這個名字討一個吉祥的寓意，我靈機一動，向長輩解釋說：「您看，兒子是屬馬的，名字中『水』多應該也不會害怕，因為『水』多就會匯成『河』，而有個說法恰恰就叫『小馬過河』。這就預示著孩子在成長過程中雖然會面臨像小河一樣的困難和障礙，但是最終一定會像小馬一樣去克服這些困難，到達成功的彼岸。」聽完我這一番論述之後，長輩們再也沒有反對。

對策：在接受別人的觀點之前，先捫心自問：「這個觀點有什麼依據嗎？」如果缺乏充分的依據，就不要人云亦云，應該堅持做自己。

思維陷阱四：輕信各式各樣的結論

定義：所謂輕信各式各樣的結論，是指在處理事情的時候，把某些沒有被證實的結論當成尚方寶劍般，而不考慮那些結論是否真的可信。

解析：輕信各式各樣的結論，和上一種思維陷阱「盲目聽從他人的意見」有很多相似之處。在日常生活中，我們很容易輕信各式各樣的結論，例如：「穩定的工作才是好工作」、「女人最好的出路就是找個有錢人嫁了」等等。

其實有很多結論都是片面、站不住腳的，輕信只會阻礙自己的成長。對於以上提到的兩個結論，直到現在我都抱持懷疑態度。比方說，和我同期大學畢業的同學當中，當初沒有選擇穩定工作的那些人，現在無論是薪水或是人生閱歷，都不輸給選擇穩定工作的人。

還有，今年我回老家的時候得知，鄰居家的闊少因為原本的老婆生不出男孩，才剛離婚就又娶了一個新老婆。所以找個有錢人嫁了，也不總是美好的事情。

對策：凡事都要有自己的判斷力，不要輕信沒有任何依據的結論。同時，不要害怕做出錯誤的判斷，因為正確的判斷往往來自於對錯誤判斷的反思和總結。

思維陷阱五：不願意改變自己

定義：是人都有慣性，因此多半不願意去改變自己。甚至有時候，我們已經暗暗發覺自己的某些做法是錯誤的，卻不願意改變。

解析：在成為一名幸福課講師之前，我是一名英語老師，先後在不同的英語培訓機構從事教學工作。其實在從事這份工作的後期，我早已感覺自己對這份工作失去了激情，對整日講解英文語法題目失去了興趣。

但我又覺得自己耗費了太多的心力在英語培訓方面，並且已經有了一定的積累，因此不願考慮其他職業。就這樣，我繼續痛苦了很長一段時間。

直到後來內心衝突得太厲害，以致身體狀態都受到影響，這才下定決心開始考慮其他職業。隨後我慢慢把主攻方向轉到正向心理學，但這個猶豫與煎熬並存的轉型過程，耗費了我好幾年的寶貴時間，導致我長期失眠。

如果當初自己敢勇於改變，能夠及時轉型，那麼現在的自己一定可以在傳播正向心理學的道路上走得更遠。

對策：不要害怕改變自己。雖然改變自己意味著對未知世界的探尋，甚至是對既得利益的放棄，但長痛不如短痛，早點做出改變，才能早日迎來更加精彩的自己。

思維陷阱六：在瑣碎的事情上耗費太多的腦力

定義：把太多的腦細胞都用在處理一些瑣碎的事情，結果導致投入了八〇％的努力，最終只產生二〇％的效益。

解析：我們時常說：「成大事者不拘小節。」其實並不是因為這些人不注重細節，而是他們更傾向於把時間花在更加重要的事情上。

馬克·祖克柏在接受採訪時曾經表示，他的衣櫃裡有二十多件相同的灰色T恤，這能幫助他省去很多挑選衣服的麻煩，這樣就可以把節省下來的時間用來做更重要的事情。

對策：我很喜歡的一句話是：「如果你的時間都用在做七分重要的事情上面，那麼你就是一位七分重要的人；如果你的時間都用在做十分重要的事情上面，那麼你就是一位十分重要的人。」

如果你感覺自己工作非常努力，但卻還是碌碌無為，那就請先問問自己，是否在瑣碎的事情上耗費了太多的腦力？

思維陷阱七：閉門造車

定義：活在深深的自戀當中，不願意借鑒別人的經驗。

解析：讀研究生的時候，我曾經花了很長一段時間去思考自己到底適合從事什麼職業。甚至為了這件事情變得異常憂慮，長時間深陷苦悶之中。

仔細反思這段經歷，我認為當初自己犯的最大錯誤就是活得太封閉。當時我只是固執地活在自己的世界裡，並且傻傻地堅信只要堅持下去，就一定能找到問題的答案。結果卻是不僅沒有想出問題的答案，還開始懷疑自己的大腦是否出了問題。

如今想想，如果當初的自己能夠多讀一點心理學及心態調整方面的書，多向過來人學習經驗，就不至於獨自苦惱那麼長的時間了。

對策：遇到問題的時候，先不要急著一個人悶頭解決，而是要先考慮身邊有哪些資源可以利用、有哪些經驗可以借鑒、有哪些人可以幫助自己，這樣就可以節省很多力氣。

具體的做法是，我們可以帶著某個問題去讀相關的書籍，或者是檢索相關的網路資訊，或是向有著相關經驗的人討教。總之懂得借力的人，才能在發展過程中做到如虎添翼。

心理資本：贏在職場的秘密武器

你一定聽說過想要贏在職場，應當具備的一些軟技能吧？比方說，溝通能力、社交能力、領導能力、時間管理能力、學習能力、合作能力等等。

然而，我們只要擁有這些能力就足夠了嗎？

如果一個人的心態消極，懷抱著一顆玻璃心，縱使他擁有上述這些能力，也未必能在激烈的職場競爭中勝出。

以下，我就從心理學的角度，討論我們還應該要具備哪些能力，才能笑傲職場。

在心理學中有個「心理資本」的概念，能為這個問題提供完美解答。

所謂的心理資本，是指一個人在職場環境中所表現的積極心態。擁有這種積極心態，就相當於擁有一項巨大的資本，它可以使一個人改善工作狀態，提高工作績效。

心理資本主要包括四個方面：自我效能感（超強的自信心）、樂觀（積極的歸因方式）、希望（鍥而不捨的精神和及時變通的能力）、韌性（快速復原的能力）。以下我們將逐一討論，如何才能構建好這四項心理資本，進而贏在職場。

1. 自我效能感

定義：所謂「自我效能感」，是由心理學家亞伯特・班度拉（Albert Bandura）所提出的概念。

說得簡單點，就是指一個人的自信心；說得複雜點，是指人們對於自己能否完成某項特定任務的可能性。

舉例：小麗剛晉升為部門主管，大部分工作都很容易上手，唯獨有一項工作最令她發愁，那就是開會時當眾發言。小麗感覺自己的氣場還不夠強，不夠有自信，感覺大家總是用質疑的眼神看著她，而且她越是想表現得鎮定沉穩，越是容易說錯話。

於是小麗問我，如何才能快速提高自信心，做到當眾發言不緊張？我告訴她，要多去累積成功經驗。

怎樣才能累積成功經驗呢？那就是要多當眾發言，多去體會那種緊張感，然後不斷改進。一旦發言次數多了，成功經驗也會增多，慢慢就會建立自信心。

在這一段期間，肯定會遭遇一些緊張和難堪的時刻，然而熬過去就好了。

後來小麗給我的回饋是，經過若干次當眾發言的磨練，她現在已經愛上當眾講話了。

提升方法：根據班度拉的自我效能感理論，提升自信心最有效的方法，就是積累成功的經驗。相信我，這一招比整天對著鏡子大喊「棒，棒，我真棒」管用多了。

2. 樂觀

定義：很多人把樂觀理解為「一事無成，還在那一個勁地傻樂」，而正向心理學的樂觀指的，則是採用積極的歸因方式來看待不好的事情。

當一個人碰到不好的事情時，如果他把這件事情歸因於外部的、暫時性的以及與情境有關的原因，那麼我們就說這個人是樂觀的。反之，我們則認為這個人是悲觀的。

舉例：假如你在公司的走廊上遠遠地向主管打招呼，對方沒有任何反應，你會怎麼想？樂觀的人可能會想，也許主管沒有看到我（外部的原因），也許主管今天心情不好（暫時性的原因），也許主管正在思考問題（情境性的原因）。

而悲觀的人則會想，也許是我惹主管不高興了（內部的原因），我總是不討主管喜歡（永久性的原因），沒有一個主管看得起我（普遍性的原因）。

假如總是用悲觀的視角來看待世界，那麼人的心情就很容易受到不良影響，工作效率和狀態自然也會大打折扣。

提升方法：實際上，正向心理學之父馬丁．塞利格曼撰寫了一本書，介紹如何才能變得更加樂觀，書名叫《學習樂觀．樂觀學習》。

而我自己最常用的方法，就是以事實為依據來反駁自己的消極想法。比方說，我覺得自己總是惹人討厭。那麼，我就會找證據去跟這個想法進行辯論。慢慢地我會發現，這個結論是站不住腳的，因為我的家人不討厭我，我的好幾個朋友也都不討厭我。

3. 希望

定義：要想對未來滿懷希望，我們應當具備兩項密不可分的能力，一項是鍥而不捨的精神，一項是及時變通的能力。

這兩項能力有什麼關係呢？當我們樹立一個目標時，需要用鍥而不捨的精神去堅持。但是當我們發現努力的方向出錯時，還需要及時變通、及時調整自己的目標，這樣才能重新燃起對未來的希望。

舉例：我曾花了幾年時間，去應聘一家國內知名英語培訓機構的教師職位。經過堅持不懈的努力，終於實現了自己的目標。

只不過目標實現之後，卻發現工作的內容和我的個性格格不入。原因是我更喜歡去談一些思維發散、觸動心靈的東西，而不是整天對著課本教學生文法，不停地告訴學生為什麼這題選A而不是選B。

那段時間我過得很痛苦，我想換一份工作，但是又感覺自己努力了這麼多年，輕易換掉這份工作實在太可惜。然而，不換工作又不甘心，就這麼一直痛苦下去。

後來我終於下定決心到大學工作，經過一段陣痛期之後，利用私人時間的努力，我慢慢成為一名幫助學生驅散心靈痛苦的幸福課講師。

提升方法：有時為了實現心中的目標，我們需要一點鍥而不捨的精神。但是當我們發現自己正在追求一個錯誤目標的時候，就應該及時變通，調整方向，回到正確的道路上。

這些道理說起來簡單，做起來卻很難。最難的地方就是，我們捨不得自己之前的投入。經濟學上將這些已經付出、不能再收回的時間和精力，統稱為「沉沒成本」。也就是說，我們很容易被沉沒成本阻擋，無法調整目標，去追尋真正想要的東西。

調整目標，也許你會痛苦幾年，但是在乎沉沒成本，捨不得自己之前的付出，那麼你會痛苦一輩子。

4. 韌性

定義：韌性也被稱為「快速復原的能力」，主要是指遭受巨大困難之後，能夠從困難和挫折中走出來的能力。

舉例：我有一位學生，當她遭受人生的一次重大打擊之後，提出休學申請。我擔心她心裡會承受不了，和她聊了好長一段時間。

沒想到，這位學生休學之後，展現出驚人的復原能力。

她先是選擇去西部支教，後來經過不斷的努力，和別人一起在麗江開了一間青年旅舍。

一年之後，她又申請回到學校繼續讀書。

當我們再次見面時，她的朝氣蓬勃，精神煥發，好像換了一個人一樣。她和我說自己這一年的經歷，認識了很多的人，明白了很多道理。

提升方法：當你遇到大的磨難時，如何才能快速復原？說實話，寫下這個問題後，我才忽然發覺，這樣似乎有點站著說話不腰疼。

其實在碰到大的磨難的時候，人的心情都需要一點時間才能平復，哪有什麼快速復原的能力。只不過同樣是需要一段時間恢復，有些人恢復得相對較快，有些人則一蹶不振，始終無法從傷痛中走出來。

那些能夠快速從情緒中走出來的人，往往具備兩種能力。首先，是接納現實的能力。事情既然已經發生了，此時此刻自己該做些什麼，才能改變現實呢？

而另一個則是轉移注意力的能力。如果控制不住胡思亂想，又應該做哪些事情，才能有效地轉移自己的注意力呢？

我們可以用一句話來總結這個方面的能力：接受不能改變的，改變可以改變的。

「心理資本」的概念，是建立在正向心理學的相關理論基礎上。而上述提到的**四項心理資本，在嚴格的實證檢驗下，均證明與工作績效有顯著關係**。

實際上，無論你是一名職場人士或是大學生，假如你想要投資自己，不妨先從提升自己的心理資本開始。簡單來說，就是要透過學習，讓自己變得更有自信、更加樂觀，充滿希望，富有韌性。

如果讀完這篇文章，還是不知道該從何處下手，那麼強烈建議您多去讀讀正向心理學方面的著作，試著學以致用，從心理層面提升自己的職場競爭力。

第4章

發揮優勢不平庸

發揮職場優勢的三個重要步驟：第一，想要找到優勢，我們需要不斷去試錯。第二，想要運用優勢，我們要懂得分工合作。第三，想要發揮優勢，我們要有堅定的決心。

能發揮優勢的人，就不會在無聲的絕望中煎熬

我有一個朋友在外企工作，外表看起來很風光，收入也不錯，很早就在上海買了房。每次見他都是面帶笑意、溫文爾雅。直到有一次，我搭他的車出去玩，他忽然對我說，這一年來他一直被失眠折磨，想問問我有什麼方法可以幫助他脫離痛苦。

他不知道自己的人生意義在何方，沒有什麼存在感，每天只是按部就班的上下班，做著自己不感興趣的工作，維持別人眼中看似光鮮亮麗的生活。其實在我們身邊有很多人，都是這個狀態。

尼格爾．馬賀在TED的演講《怎樣達致工作和生活的平衡》中，有一段話相當經典：**「現實的情況是，成千上萬的人都在無聲的絕望中煎熬，他們日以繼夜地從事痛恨的職業，目的只是為了購買無用的商品，好博得無關痛癢的旁人羨慕。」**

導致這種現象的關鍵原因，就是大多數人在工作或生活中，很少有機會發揮自己獨一無二的優勢，感受不到自己的價值，導致失去存在感，不得不在無聲的絕望中煎熬。

接下來，我想請問你一個問題：「在日常工作和生活中，你每天都有機會發揮自己的優勢，或是做自己最擅長的事情嗎？」

如果你的答案是否定的也別洩氣，因為你並不孤獨。來自國外一項針對全球大型組織的

研究發現：**「只有二〇%的員工認為，他們每天都在從事能夠發揮自己優勢的工作。」**對此我也深有體會。在我研究生畢業那年，曾經有機會留校從事一份學校教務的工作，但是從實習的那一天起，我就發現自己的個性和這份工作格格不入。我根本無法在這份工作當中，發揮自己的優勢。

首先，這是一份制式化的工作，我只能按步驟去做，沒有任何發揮創意的空間。例如，按要求把學員學業教材進行歸檔、按要求列印或複印相關檔、按要求調度教室等等。而我總是滿腦子新想法，想用創造性思維去解決問題，按部就班地做事和我的個性完全不符，讓我一點動力都沒有。

其次，這份工作不太需要和人打交道，比較需要和各種資料打交道。有一次，我蹲在地上整理資料一整天，特別想找個人說說話，於是我拿出「珍藏」多年的幽默段子講給辦公室的同事聽，想要活絡一下氣氛。可是辦公室的老同事長期適應了安靜的工作環境，結果段子講完了竟然沒有人發笑，那一刻我感覺好尷尬。

還好，一個老同事友善地安慰我說：「小宋，如果你的活幹完了，那就早點回去休息吧，明天還會有新的任務等著你呢。」總之，這份教務實習工作我做得很痛苦。某次我在吃午餐的時候，鼓起勇氣問一位年長的大哥：「你做這份工作感覺快樂嗎？經過這幾天實習，我覺得自己不太適合做這份教務工作。」

那位大哥看著我，然後一本正經地說：「小兄弟，看在錢的份上，工作這件事永遠不要談什麼人職匹配，不要談什麼快樂不快樂，好嗎？這只會讓你變得痛苦和絕望。」

聽了這幾句話我感覺心灰意冷，同時也在心中產生了一個大大的疑問：**「難道工作真的只是謀生手段，我們不應該考慮要如何在工作中發揮自己的優勢，更無法使其成為快樂的泉源嗎？」**

後來我花了幾年的時間，成為一名大學幸福課的講師，創辦自己的自媒體平台，出版了兩本心理學著作。雖然我每天都要忙很多事情，也經常會處於壓力中，但我已十分確信，只要肯努力尋找，就一定可以找到一份能夠發揮自己優勢的工作。更重要的是，**工作不僅是謀生的手段，也是幸福生活的重要組成部分**。

正向心理學之父馬丁．塞利格曼曾說：「所謂幸福，就是找到自己的優勢，並且在工作和生活中盡可能地運用它。」也就是說，只要我們能夠努力尋找適合自己的工作，多嘗試在工作中發揮自己的優勢，那麼就能把「工作」和「幸福」緊密地結合在一起。

然而，我們的腦袋中被灌輸了太多的錯誤理念，阻止我們去全力追尋能夠真正發揮自身優勢的工作。其中影響最大的是：「我們要花更多的時間去改正自己的缺點，彌補自己的短板，這樣才會取得真正的進步。」

然而，世界頂級管理者卻不這麼認為，他們在管理員工時所遵循的理念是：**「每個人最**

大的成長空間，在於其最強的優勢領域。」

那麼，究竟優勢是什麼呢？我最喜歡的答案來自《發現我的天才：打開34個天賦的禮物》（*Now, Discover Your Strengths*），書中將優勢分解成三個具有精確定義的概念：**天賦（Talent）、知識（Knowledge）和技能（Skill）**。

所謂天賦，是指一個人油然而生並貫穿始終的思維、感覺或行為模式。所謂知識，主要是指所學的事實和課程組成。所謂技能，主要是指做一件事的步驟。接下來，我將透過案例說明有關優勢的含義。

假如有個人具有與人打交道的天賦，與人交談時總是能感覺很興奮，他也很樂意搭訕別人。可是他卻缺乏溝通的知識與技能，在聊天過程中口無遮攔，經常在無意中傷害到別人，因此沒有交到幾個真心朋友。

有鑒於此，我們很難說這個人具有溝通的優勢。原因在於，雖然他具有溝通的天賦，但由於缺少足夠的知識和技能，導致他無法將天賦轉化成優勢。

如果上述解釋仍然無法讓你明白「優勢」的準確含義，那麼請記住以下的判斷標準即可。**當你能反覆地、愉快地以及成功地去做一件事情時，那麼做這件事情所具備的能力，就可以被稱為「優勢」**。

在明白了優勢的含義之後，接下來要介紹發揮優勢的三個重要步驟。

第一，要想找到優勢，我們需要不斷去試錯。經過長時間摸索，我已十分確定自己的主要優勢是「溝通」和「助人成長」。而我正在做的兩件事也充分體現了優勢，其一是做幸福課講師，其二是做傳播正向心理學知識的寫作者。所以我對生活的滿意度很高，感覺很幸福。

但是在找到自己的優勢前，我一直不斷試錯。我在大學時期，曾經當過班級幹部和學生會幹部。此外我還利用業餘時間，先後嘗試銷售、英語培訓、心理諮詢、創業、教務等一系列兼職或全職工作。這些摸索，讓我越來越確定自己的優勢。

第二，要想運用優勢，我們需要懂得分工合作。說起史蒂芬．巴爾默（Steve Ballmer）這個名字，也許很多人並不熟悉，但是提到比爾．蓋茲（Bill Gates），則無人不知，無人不曉。

蓋茲邀請巴爾默管理微軟，因為蓋茲非常明白，自己的優勢在軟體發展，而巴爾默熱衷於社交，比自己更適合管理公司。巴爾默彌補了蓋茲在管理上的不足，成就了一對完美組合。蓋茲懂得合理的分工與合作，才能讓自己有更多的時間、精力來充分釋放自己的優勢，進而讓事業蒸蒸日上。

著名的未來學家凱文．凱利在《釋控》中也傳達類似的理念，他曾明確提出：**「未來的時代是一個沒有全才的時代，只有大家進行密切的分工與合作，才能組成一個強大的整體。**

而要想成為整體當中的重要環節，必須要充分發揮自己的優勢，擁有屬於自己的核心競爭力。」

第三，要想發揮優勢，就需要有堅定的決心。我有個朋友畢業於知名體育院校研究所，卻為了入上海的戶口，不得已選擇穩定的事業單位工作。想當然這份工作無法讓他發揮優勢，他時常感到鬱悶，經常找我傾訴。

有很多在體制內的人，都會在工作之餘抱怨自己鬱鬱不得志，很少有人實際做出改變。因為大部分人選擇這份工作，都源自於把「穩定」二字看得很重，因此不願意輕易放棄。

不過我的這位朋友與其他人不同，他是一個行動派，擁有改變現狀的堅定決心。後來他放棄了那份穩定工作，去一所私立雙語學校當體育老師。他很快就在新的工作中發揮優勢，被學校公派去香港培訓，成為學校的明星教師，活得很充實。

最後，我想用他曾經在朋友圈發的一句話，作為文章的結尾：「當我發現自己是誰時，我便獲得了自由。」

發揮優勢的七字訣，把自己打造成一款「爆品」

什麼是真正的幸福？怎樣過這一輩子才最划算？對於這兩個超級複雜的問題，我只有一個簡單答案：**「找到自己的優勢，然後把屬於自己的獨一無二優勢發揮到極致。」**

那麼，怎樣才算把自己的優勢發揮到極致？若是套用商品銷售的說法，我認為把自己打造成一款「爆品」，就算是把優勢發揮到極致了。

雷軍創立的小米公司，就是一家非常擅長製造「爆品」的公司。這家公司的聯合創始人黎萬強，曾出版過一本《參與感行銷時代：專注小眾忠誠度，讓粉絲滾動出不停止的品牌旋風》，書中詳細敘述了如何利用網路思維和口碑行銷，將一款又一款小米手機打造成「爆品」的輝煌歷程。

這本書特別強調一個七字訣：「專注、極致、口碑、快。」其實若是將這七字訣套用在發揮個人優勢方面，也同樣具有很強的指導意義。

接下來，我們將對這七字訣進行深入解析，探尋到底該如何充分發揮個人優勢，把自己打造成一款「爆品」。

1. 專注

小米手機曾經有句口號：「堅持一年只做好一款旗艦手機。」同樣的，蘋果公司成立這麼多年，幾乎也是一年推出一款旗艦手機。再看有些手機大廠，一年可以推出五、六款手機，然而這麼多款手機的銷量加起來，可能還比不上一款「爆品」手機的銷量。

這一點和某些大學生很相似，學生們立志一年考多張證書以便武裝自己，不過因為時間和精力有限，顧此失彼，最終一張證書也沒考到；也有很多職場人士，片面追求多種技能只求廣而不求精，縱使耗費很多精力，卻難以形成自己獨一無二的優勢，最終難免淪為路人甲、路人乙。

無論是在職業生涯規劃還是追尋幸福方面，專注於自己的優勢都是一件非常重要的事情。俗話說：**「千招會不如一招熟。」一款產品講究核心競爭力，一個人也該講究核心競爭力，才能在人群中閃閃發光。**

2. 極致

對於製造一款產品來說，所謂的極致就是要在現有的資源條件下，盡最大努力將產品做到同行業、同品類中的最優。小米每推出一款手機，都力爭將手機的軟硬體，做到兩千元以內價位的頂尖水準；蘋果手機將極簡主義發揮到極致，率先在手機上只設置一個實體 Home

鍵；老羅的錘子手機努力將用戶體驗方面做到極致，進而建立了一大批鐵杆粉絲。

日本的小野二郎是全球最年長的米其林三星大廚，他毫不懈怠地努力，把小小的壽司做到極致。他在日本經營一家只有十來個座位的壽司店，硬是做了五十多年的壽司。每天清晨他都會去市場買最好的食材，不斷改進做壽司的方法，最終做成全日本最好的壽司。

韓國音樂人PSY在二〇一二年，把一首《江南style》唱到極致，使這首歌的MV成為網路史上第一個點擊量超過十億次的影像作品；二〇一四年，中國的筷子兄弟也把一首《小蘋果》唱到極致，成為「洗腦」神曲。

想把自己打造成一款「爆品」，就要專注在自己的優勢，努力把優勢發揮到極致。有些人雖然知道自己的優勢，卻從來沒有將優勢發揮到極致，他們多半缺乏自信，或是過分在意別人的眼光，不然就是對追求極致缺乏耐心，結果白白辜負了自己的才華。

3. 口碑

假如在打造一款產品時已經做到了「專注」和「極致」，也不代表它就一定會成為一款爆品，**還要看它能否為用戶提供完美的使用體驗**。

例如，有些手機廠商號稱將手機解析度做到極致，但是在成像效果方面並不討喜，甚至比不上那些解析度稍低，卻相當注重人像優化、擁有美顏功能的手機。所以假如想要打造一款爆品，必須要具備用戶思維，若想衡量一款產品是否具有使用者思維，最明顯的指標就是產品口碑。

換句話說，如果一個人想**要發揮優勢，把自己打造成一款爆品，同樣也要考慮自己在發揮優勢的過程中，能為這個世界帶來什麼價值，能夠產生多少社會效益。否則即使將自己的優勢發揮到極致，也無濟於事。**

某個周日的早晨，我出門時看到一個師傅在社區門口立了一塊牌子，原來是磨剪刀、磨菜刀的，不過生意卻乏人問津。也許這個師傅具有很強的工匠精神和高超手藝，不過隨著人們物質生活水準的提升，到超市買一把新剪刀或新菜刀非常便宜方便，很少有人找師傅磨了。

如果不順應社會趨勢的發展，不了解市場的需求，縱使你把這項手藝做到極致，也很難贏得良好口碑。總之，口碑是能否為用戶帶來價值的風向標，在發揮優勢的過程中一定要把「能否為別人創造價值」放在心中。

4. 快

千萬不要誤解，這裡說的「快」並不是指快速達成目標，更不是指急於求成的心態。相反的，想要發揮優勢，把自己打造成一款爆品，就要做好下慢功夫的心理準備、做好繞遠路的準備、做好在實踐中不斷學習和改進的準備。

這裡所謂的快，若用產品舉例來說，是指產品技術升級反覆運算速度要快，對市場的反應速度要快。**想要將自己打造成一款爆品，所謂的快，是指更新自己的知識體系速度要快，對優勢領域的技能反覆運算速度要快**。

我認識一位優秀的心理學培訓師，一直堅持用讀書來更新自己的知識體系。只要是閒暇的時候他都會手捧一本書，從中快速學習，吸收自己領域的新知識。

每次聽他的課，我總是能學到很多新東西。他曾對我說：「在這個競爭日益激烈的時代，想要保持自己的優勢，就一定要善於與時俱進，快速提升自己。」古語有云：「流水不腐，戶樞不蠹。」說的也是這個道理。

在熱愛的領域拚盡全力，這才是發揮優勢的正確姿勢

Jeff 大學才剛畢業一年，就已經連續換了三份工作，但始終感覺自己沒有找到真正感興趣的工作，他對未來感到很迷茫，於是來找我諮詢。

Jeff 的第一份工作是公司的行政，他覺得這份工作學不到太多東西，整天無非是做一些打雜的事情，重複且機械化，於是很快辭掉了工作，去一家購物網站當客服。

在客服這個崗位上工作一段時間後，即便他能夠搞定難纏的客戶，卻認為這份工作的自主性太低，總是得去迎合別人，心很累，缺乏成就感。

經過慎重考慮後，他決定去做一名汽車銷售員。因為他覺得自己的優勢在與人溝通，同時具有很強烈的成就動機，他希望自己的能力可以在薪酬上獲得體現，想要透過努力得到更大的成就。

聽到這裡，我感覺 Jeff 對自己的分析挺客觀且全面，同時也認為他的個性特質的確很匹配銷售工作。

可是過了一段時間後，Jeff 又來找我諮詢，他在銷售崗位上遇到了瓶頸。前兩個月他的銷售業績低迷，甚至受到主管的批評。這讓他對這樣的職業選擇，以及自身的能力產生了懷疑：「難道自己並不適合做銷售工作？難道自己註定一事無成？」

對於 Jeff 的疑惑，我詢問了有關入職培訓以及前輩指導的情況，發現他在銷售技能學習和經驗累積方面有些問題。這時，我忽然覺察到問題的根源所在——他差點陷入一個常見的職場謊言當中，把不適應當成不適合。

也就是說，Jeff 並不是不適合做銷售工作，而是缺乏相應的銷售技能和經驗，導致他不適應。這是職場新人常會犯的錯誤，大多數人都自然地認為，所謂適合去做某一份工作，那就意味著只要一入職，就能馬上找到工作的激情，每天都可以像打了雞血一般去上班，非常享受工作的過程。如果情況不是這樣，那就說明自己並不適合這份工作，而此時唯一的出路就是再換一份工作，直到找到讓自己能感覺到激情的工作為止。

為了讓年輕人避免犯類似的錯誤，卡爾．紐波特（Cal Newport）在他的暢銷書《深度職場力：拋開熱情迷思，專心把自己變強！MIT電腦科學博士寫給工作人的深度精進指南》（*So Good They Can't Ignore You：Why Skills Trump Passion in the Quest for Work You Love*）中，直截了當地提出一個建議：「不要追隨你的激情。」這個建議是基於作者大量調查後，所得出的結論。

紐波特發現，職業激情往往不是剛開始工作時就能產生。所以說，**我們不能等到先有激情再去好好工作。恰恰相反，只有當我們好好工作，才能從工作當中體會到成就感，這時才會產生激情。**

雖然紐波特的說法有些極端，比方說，他在一定程度上忽視了天賦或興趣的重要性，但他對於「後天練習」重要性的強調，為盲目追求工作激情的年輕人敲響了警鐘。

我也曾經走過彎路，大學時我學的專業是心理學，當時我對心理諮詢很感興趣，並且立志成為一名心理諮詢師。

那時學校的心理諮詢中心正好在招聘兼職心理諮詢師，我很想要加入，於是努力爭取，用盡全身力氣進入心理諮詢中心。不過由於我受到的專業訓練不多，所掌握的心理諮詢技能也不夠，因此只能接待一些一般心理問題的諮詢者，問題包括有些同學對某個考試感到焦慮，或是失戀了感覺內心痛苦等等。

認真說起來，我所做的事情算不上心理諮詢，只能當作是心理主題的聊天。然而，即使只是針對一般心理問題聊天，我也發現自己很難勝任。那時的我，僅僅具有滿腔助人為樂的熱情，卻不懂得要怎麼促使來訪者產生正向的改變。這種不勝任的感覺最終演變成一種挫敗感，我開始對自己的職業規劃產生動搖，一度打消成為一名心理諮詢師的念頭，很長一段時間都不敢再去觸碰心理諮詢。

接下來，我的興趣轉向英語學習，立志成為一名優秀的英語培訓師。經過幾年努力，我終於成為一家知名英語培訓機構的講師，不過我始終感覺這個職業無法滿足自己的深層需求。在業餘時間裡，我經常會忍不住去讀有關心理諮詢的書籍。從阿德勒到榮格，從斯科特·佩克到歐文·亞隆，這些心理治療大師的書，我總是愛不釋手。

後來我進入大學工作，參加不少心理諮詢方面的培訓和工作坊，並且獲得國家和上海市的心理諮詢師資格認證。於是我又開始嘗試接心理諮詢的個案，並且成為學校心理諮詢中心的兼職諮詢師。隨著自己心理諮詢技術的不斷提升，我慢慢找到了成就感，尤其是隨著來訪者給我的積極回饋越來越多，我也越來越有信心，決定重新把心理諮詢作為自己畢生奮鬥的職業之一。

在《發現我的天才：打開34個天賦的禮物》一書中，作者曾指出：**「優勢是天賦、知識和技能三者的結合，缺一不可。」**

我在念大學的時候，雖然對心理諮詢很感興趣，認為自己在開導別人方面具有某些天賦，不過由於缺乏相關的知識和技能，因此無法使心理諮詢成為自己的真正優勢。開始工作之後，隨著知識水準和技能的不斷提升，心理諮詢才真正成為我的優勢。

當然，過分強調學習知識和技能，若是忽視了天賦也會出問題。反觀我當英語培訓師的過程，雖然在學習英語方面投入大量的時間和精力，習得不少知識和技能，但我卻缺乏一定的天賦，進而導致我在輔導學生英語時，始終感覺不是那麼盡興。

葛拉威爾在《異數》一書中提出了一萬小時定律，他認為一萬小時的學習和訓練，是一個人從平凡變成大師的必要條件。然而，我們的人生非常短暫，是不是只要隨便選定一個領域，賭命死磕上一萬小時，就一定能從平凡邁向卓越？

我想答案是否定的。比方說，我一直對數學感到頭疼，因為我打從心底討厭冷冰冰的數字，我的惡夢中經常出現的場景，就是自己正在參加數學考試，結果一道題目都不會。如果非要逼著我去學一萬小時的數學，大概學不到一千個小時就會精神崩潰，學不到兩千個小時，就會產生自殺的念頭。

我的天賦是探索人性，為人做心理輔導。如果能讓我在這個領域拚命學習，我想用不了一萬個小時，應該就會取得不小的成就。

職業生涯規劃師古典在著作《你的生命有什麼可能》中，曾經提出一個精彩的理念：「在熱愛的領域努力地玩。」所謂熱愛的領域，其實就是能夠發揮自己天賦的領域；而努力地玩，就是要充分打磨自己的知識和技能。也就是說，想要在某一方面擁有真正的優勢，天賦和努力缺一不可。

總之，在熱愛的領域拚盡全力，才是發揮優勢的正確姿勢。

內向有那麼多優勢，我才不想變外向呢

如果你要我用三個詞來概括自己讀大學前的個性，那麼以下這三個詞最合適不過：內向、害羞、靦腆。

剛開始，我非常討厭自己的個性，因為過於內向的個性讓我不敢表達、展現自己，整個人顯得非常沒有自信，和女生一說話就臉紅等等。後來，我離開家鄉去外地讀大學，進入一個全新的環境，周圍全都是不認識的人，這一度讓我感到非常興奮。因為這樣就可以擺脫熟人的眼光，換一種個性生活。

於是在大學裡，我努力競選班長，積極參加社團活動，鼓起勇氣與別人搭訕。總之，我努力想讓自己變得更加外向。即便在這段過程中，我收穫了很多東西，例如認識更多朋友，在參加社團活動的同時鍛鍊自己的能力，但我始終感覺，當我努力表現外向時，那並不是真正的我。我總是顯得矯揉造作，覺得自己活得很累，別人也會覺得我看起來有點假。

隨著逐漸深入學習心理學知識，我慢慢了解到一個真相。那就是**個性沒有好壞之分，無論是外向還是內向的人，都有自己獨一無二的優勢。關鍵是你能否接納自己的個性，並且將個性優勢發揮到極致**。

那麼，個性內向者究竟具備哪些優勢呢？首先，我們先從心理學的角度，來分析個性內

向者和外向者的主要差異。

根據《內向者的優勢：安靜的人如何展現你的存在，並讓別人聽你的》（*Leise Menschen - starke Wirkung. Wie Sie Präsenz zeigen und Gehör finden*）這本書的觀點，內向者和外向者的主要區別，在於精力的來源方式不同。

個性外向人的精力主要來自於外部世界，例如參加各式各樣的社交活動，和形形色色的人打交道等等。他們喜歡在人多、事多、活動多的環境中工作，這樣的環境會讓外向者感覺如魚得水。

而個性內向人的精力往往來自內在世界，例如從思想、情緒和觀念當中獲得精力。我作為一個內向者，經常會為自己腦海中迸發出的新點子感到興奮不已，同時也會在想不通一件事情的時候感到活力全無，甚至連正常的社交活動都想要逃避。

關於外向者和內向者之間的差異，更加具體的解釋就是，個性外向的人比較渴望拓展生命的寬度，例如對任何事情都知道一點，廣交天下朋友，盡可能多去拓展自己的生命閱歷；而個性內向者則更渴望挖掘生命的深度，他們喜歡深入地去了解某個問題，希望與較少的幾個朋友建立較為密切的關係，儘量限制外部世界的繁華侵入自己的內在世界。

無論是外向者還是內向者，其實都具備獨一無二的優勢，只不過在我們的社會裡，外向者的優勢往往會被誇大，例如擅長社交、熱愛競爭、敢於表現自己等等。

內向者的優勢往往會被貶低，很多人甚至把個性內向作為缺點來談論。例如，在不同場合進行自我介紹的時候，經常會聽到有人說：「我的缺點就是太內向。」很多人還會詳細列舉內向者的缺點，例如：與人交往時，內向者會表現得有些逃避，缺乏主動精神；遇到事情時，內向者更容易多想，更容易感受到壓力等等。

每當聽到這些說法，心理學出身的我都會想要奮力反駁，想要扭轉大眾的偏見，希望大家能夠看見內向者獨一無二的優勢。

首先，是人際溝通方面的優勢。不要認為只有外向者才善於溝通，很多厲害的人際溝通者，也都是非常擅長傾聽的內向型人。由於溝通最重要的是學會傾聽而非急於表達，所以內向者在溝通時具有獨一無二的優勢。

在我所接觸的優秀心理諮詢師當中，內向型的人占了大多數。因為內向型的人更擅長傾聽，同時也更擅長運用同理心理解對方。此外，由於內向者通常會在一個問題上花較長的時間去思考琢磨，因此他們說出來的話往往也更加具有深度和衝擊力。

其次，是知識獲取方面的優勢。由於個性內向者擅長對某一件事情進行深入研究，因此他們更容易成為某一領域的專家。內向者並不滿足於對知識的膚淺了解，而是希望能夠靜下心來琢磨更為複雜的問題。在知識管理領域，這一點是極為重要的。

在《你的知識需要管理》一書中，作者特別強調知識獲取應講究深度，不應淺嘗輒止。

「學習任何領域的知識必須達到一定的深度，否則你的知識就只是常識。而常識怎麼可能為你帶來個人的競爭優勢呢？」

最後，是風險控制方面的優勢。內向者在做事情之前往往會瞻前顧後，他們做事謹慎，很少忽略細節，所以在風險控制方面往往具有獨特優勢。

作為一個內向者，在挑戰某件事情之前，我經常會先想到最壞的結果、做最壞的打算，並且永遠都有一個B計畫。這就像是面對複雜多變的世界，內向者所發展出來的一套防禦機制，只有努力去控制風險，才會讓心裡感覺踏實。

從美國前總統林肯、發明家愛迪生，再到微軟創始人蓋茲、籃球巨星喬丹，都是個性內向者。無論你是內向者還是外向者，只要能將自己的個性優勢發揮到極致，都有機會取得成功。

作為一個內向者，在充分發揮自己的優勢前，最好先了解以下三件事情。

第一，牢記自己的獨特優勢。

每當個性內向的來訪者前來找我諮詢，該如何破解人際關係難題的時候，我除了會陪著他探討人際關係相關的主題外，還會努力引導對方看見自己擁有的特殊內向優勢。這種引導往往會讓來訪者更容易接納自己，更充滿自信。

第二，及時恢復自己的精力。

個性內向的人在頻繁和人接觸後，往往需要一個安靜的環境才能恢復自己的精力。每次替學生上完幸福課，解答完課後提問之後，我都會選一條人少的路走回辦公室，因為安靜能夠帶給我力量。

即使在人群中顯得激情四射，內向者依然需要一段獨處的時間恢復精力，否則會很容易感到身心疲憊，就像是沒電的手機一樣。這時一個人靜一會兒，就是替自己充電的最佳方式。

第三，杜絕完美主義。

內向者往往要求完美，他們對自己的要求往往比外界的要求還要高，內向者知道的東西通常比顯露出來的還要多。因此，我們經常會用「內秀」[4]來形容內向者。

然而，在「酒香也怕巷子深」的時代，內向者必須嘗試展現自己的才華，才有機會從激烈競爭中脫穎而出。

我有一個內向型的學生對我說，以前她總是要準備到百分之百才敢站出來發言，後來她發現，等她準備好的時候，往往也錯過發言機會了。後來，她大膽嘗試在準備到六七成的時候就舉手發言，如此一來，她得到了更多的機會。甚至她還發現，即便發言並不完美，她的話語依然具有深度，因為這就是內向者的天生優勢。

決定你職業高度的是優勢發揮，而非刻意逢迎

幾年前在我讀研究生的時候，經常會在週末以助教的身份跟一位資深培訓師強哥去幫企業授課。通常是由強哥負責接下某家企業的培訓業務，然後再召集一群自由培訓師，共同完成企業的培訓任務。

強哥的資歷比較老，註冊了自己的培訓公司，在培訓圈裡很有威望。跟他幹活的人待遇都很不錯，而且強哥從來不拖欠工資，只要培訓一結束馬上就發錢。當然強哥對人要求也相對嚴厲，大家都很敬畏他，稱他為大哥。

在跟著強哥做助教的過程中，我認識了另一位培訓師小白。小白個頭不高，長得很敦厚老實，看人的眼神卻很犀利。小白這個人比較有個性，當其他的培訓師都圍著強哥轉的時候，只有他表現得我行我素，從來不刻意逢迎。

當強哥在籌備培訓任務時，小白還會不留面子地指出不合理的地方。看見小白說話這麼直，我都不禁替他捏把冷汗，甚至心想：「難道小白不知道是強哥給他發錢嗎？萬一得罪了，下次不叫他來參加培訓，這不是和錢過不去嗎？」

4　內秀：意指外表看起來平靜，其實內心想法很多的意思。

然而，強哥每次接到大的培訓案，都會喊上小白一起做。有次需要搭大巴去外地的風景區做戶外培訓，結果小白遲到了，整台大巴上的人都在等他。大家都在猜想，嚴厲的強哥這次肯定會對小白臭罵一頓。

在遲到半小時之後，小白氣喘吁吁地趕到了。不過強哥沒有大發雷霆，只是象徵性地陰著臉說：「下次早點來。」然後就沒再說什麼了。目睹整個過程的我始終感覺納悶：「為什麼小白有那麼多毛病，強哥卻如此寵溺他呢？」

直到有一天，強哥派我到小白的培訓現場去拍幾張照片，那時我才明白小白的厲害之處。

那一天，當我完整地聽完小白上的培訓課，真的被震撼到了，小白在上課的時候彷彿像換了一個人一般。那是一場關於激勵員工的培訓，小白上課非常投入，同時又富有激情和感染力。講台上的他旁徵博引、妙語如珠，底下的學員們則是全神貫注、如癡如醉。

看他行雲流水、天人合一的模樣，我猜他一定在那一刻，感受到了心理學中說的「心流體驗」。課程結束後，小白的嗓子因為用力過猛而變得沙啞，不過他卻像明星般被台下的學員團團圍住，大家紛紛想要和他合影留念。

那一刻，我好羨慕小白可以得到如此多學員的熱情追捧，希望自己有朝一日也能像他一樣。同時我也終於明白，雖然小白有一些小缺點，但是瑕不掩瑜，強哥非常看重小白的才華。讓小白真正贏得尊重的，並非刻意逢迎，而是他的專業技能。

我有一個朋友 Wendy，在一家會展公司工作。剛剛入行那幾年，研究生畢業的她經常有種不受重視的感覺。

Wendy 在學校是非常優秀的學生，經常拿獎學金，是導師眼中的傑出人才。出社會之後她十分努力的工作，特別想要得到上司的認可。但是上司對 Wendy 始終不冷不熱，很少誇獎她，而且只要 Wendy 的工作細節沒處理好，上司就會馬上指出。

工作的前兩年，感情細膩的 Wendy 活得很壓抑。有一次她打電話給我，說現在的她感覺不到生活的動力，經常有一種絕望的感覺，而這種絕望來自無論她多麼努力，始終無法得到上司的賞識。

雖然心裡累積不少怨氣，也很少得到積極的回饋，但她還是會刻意去逢迎上司。這讓我想起心理學的一個專有名詞——「習得性無助」。所謂習得性無助，是指當一個人做了許多嘗試卻無法改變現實的時候，就會產生一種無能為力的感受，陷入無助的心理狀態。

後來，事情發生了逆轉。某次 Wendy 所在的專案組，接下了某知名外資公司的企業年會，有很多事情需要和外資公司進行接洽，需要用到英語。正好 Wendy 在大學期間曾擔任過英語會話社的社長，她的優勢瞬間得到發揮。幾番接觸下來，外資公司的一位負責人對

Wendy 的表現讚不絕口。在開視訊籌備會議的時候，對方直接點名希望 Wendy 參加。

外企年會結束之後，公司上下都對 Wendy 刮目相看。尤其是 Wendy 的上司，對她的態度簡直是一百八十度大轉彎，在不同場合都會忍不住誇她個兩句。道理很簡單，以前的 Wendy 在上司眼中只是一個擁有研究生光環，中看不中用的員工。現在的 Wendy，則是能幫助公司創造利潤與價值的有用人才。正是她卓越的專業技能，替自己贏得了尊重。

很多認識我的人，只知道我是一名幸福課老師，卻不知道我同時也擔任學生輔導員。作為一名帶班輔導員，每年都會送走一批又一批的畢業生。除了對學生進行必要的思想政治教育、談心引導之外，還需做很多瑣碎的事。例如，一些行政資訊的上下傳達，督促學生繳交某項功課，解答學生在生活中遇到的各種問題，監督學生的考勤等等。

在做輔導員的過程中，我發現一件特別有趣的事情。我在翻看微信聊天記錄時發現，有些學生一遇到問題就會頻繁向我求助，例如什麼時間放假、選課出現問題該怎麼辦、換寢室需要什麼流程，什麼時間發獎學金等等，我都耐心地一一為他們解答。

有很多時候，我不得不在下班時間回答這些提問，甚至有時我感覺自己就像是電信公司的二十四小時客服人員。然而在畢業時，大多數學生並不會因為你在他們身上花了很多時間而有所感動，只是平淡地跟你說一聲「再見」就消失在茫茫人海當中，很少再主動聯繫。這件事，多少讓我感到有些惆悵。

也有一部分學生，在讀書期間和我的接觸並不多，我和他們只是有過一兩次深入的談心。在這段過程中，我運用心理諮詢的專業技能，幫助學生解答有關個人成長、戀愛感情或是人際關係方面的問題。

這種深入交流，常常會觸動到學生的心靈，同時我也感覺自己贏得他們發自內心的尊重。畢業的時候，往往是這些學生會走進我的辦公室，和我做深情的道別，並且感謝我的教導。

這兩種學生群體的對比，讓我產生很深的體悟。當我透過專業技能（心理學）去做輔導員的同時，往往更能贏得學生的尊重；當我只是像保姆一樣去做輔導員工作時，則很難贏得學生由衷的認同。

很多職場新人容易受到錯誤觀念誤導，認為想要玩轉職場就一定要學會溜鬚拍馬，以至於把大量的心思、時間都用在和主管培養關係上，進而忽略了提升自身的專業技能，造成工作能力始終沒有任何長進。

假如真是這樣，顯然就是撿了芝麻，丟了西瓜。因為**能讓職場人得到真正尊重的是專業技能，而不是刻意地逢迎。**

我為何要從一名新東方老師轉行成為幸福課講師

在新東方工作了將近一年的時間之後，我辦理了離職手續。即使離開了新東方，我依然認為它是一家很棒的培訓機構。比方說，新東方的教師培訓做得很棒。進入新東方後，部門分配了一位指導老師給我，協助我修改課件，提出上課的改進意見等等，全方位幫助我快速成長。

此外，新東方還經常會舉辦教師比武大賽之類的活動，各部門的講課高手集聚一堂，互相切磋，氛圍非常好。此外，新東方給教師的薪水相對較高，在同業中很有競爭力。那麼問題來了，**既然新東方這麼好，為什麼我還要離職呢？**

離開新東方最直接的導火線，是我的身體出了問題。密集的上課頻率讓我的嗓子吃不消，先是慢性咽喉炎，後來變成淋巴結發炎。此外，每次上完課之後我總感覺身心俱疲，幾乎要用盡身上的最後一絲力氣，才能走回住的地方。

我心裡很清楚，身體狀況只是表面上的問題，更深層的問題是我失去對這份工作的興趣，心裡很疲憊，所以身體才會出狀況。**我一直相信，我們的身體具有非凡的內在智慧，生病是為了提醒身體的主人，是時候該做出一些改變了**。而我離開新東方最主要的原因，就是這份工作不適合自己。

我所在的部門是新東方VIP學習中心，主要是做一對一和小班化教學。偏偏我屬於人來瘋型的老師，上課人越多，講課就越進入狀態。這可能和我的個性及成長經歷有關。第一，我的個性好強爭勝，有點好大喜功。第二，小時候父母不在身邊，我得到的關注不多，於是長大後我渴望得到更多的關注，非常享受成為焦點的感覺。

在新東方VIP學習中心教學，無法滿足我想要上大課的野心。此外，上課內容也讓我無法提起足夠的興趣。簡單來說，我更喜歡和學生探討人生，而不是一個勁地講解這道題目為什麼選A，而不是選B。

反思在新東方工作的經歷，我明白了一個道理。**選擇工作時，不能只看這份工作所能帶來的外在資源，還要問問自己能否享受工作本身的樂趣，這才是一份工作最大的福利。**

選擇一份工作時，如果你是衝著錢去的，那麼每個月只有在發工資的那一天你是最高興的；如果你是衝著榮譽去的，那麼只有當別人誇獎你的時候，你才是高興的；衝著興趣去，你才能在大部分時間都是心滿意足的。

從新東方辭職後，我決定追隨自己的內心，進入大學工作。也許是因為自己發自內心地喜歡大學裡相對自由的氛圍，也許是因為自己覺得之前在讀大學時留下了許多遺憾，例如讀的書太少，失眠的夜晚太多。總之心裡有股強烈的渴望，推動我做出這個職業選擇。

由於我只有碩士畢業，沒辦法一開始就當老師，只能從輔導員做起。剛開始工作的時候，我也很容易感到焦慮，例如焦慮學生出事、焦慮自己的前途等等。這時我嘗試透過多讀書、多涉獵不同領域的知識，來改變自己的心態。

後來我接觸到了正向心理學，這是一門關注人類自身優勢，致力於幫助人們發揮自身潛力，過著幸福生活的學問，我覺得這就是自己一直在尋找的東西。透過實踐相關的方法，我的心態開始變得更加積極，在總結出一些成功經驗之後，我便開始向身邊的學生分享培養積極心態的方法。

在這裡，我要特別感謝學校的外教Dan。有一次，他邀請我替學生做兩場正向心理學的講座。在最後一場講座即將結束的時候，他建議全場起立為我的演講鼓掌。他告訴我：「你非常適合做這種勵志類的演講，你應該多去不同的大學傳播這類積極的理念。」當自己的優勢得到肯定的時候，我感覺很有成就感。於是我繼續追隨自己的內心，在學校裡開設了幸福課。

在寫這篇文章的同時，我已經上了五個學期的幸福課，目前這門課已經成為學校最熱門的選修課之一，每學期都會有學生因為選不到課而遺憾嘆息。最重要的是，我對現在的工作狀態非常滿意。經過這些年的職涯探索，我感覺自己終於不再彷徨，找到了自己的人生使命，也找到真正感興趣的工作。

從新東方老師到大學幸福課講師，我覺得人生的每一段經歷都是一筆財富，走的每一段遠路都算數。所有的經歷，讓我對**「如何找到一份自己感興趣的工作」**頗有心得。接下來，我們就來深入探討這個主題。

第一，努力去嘗試各種可能性。從二〇〇四年讀大學開始到二〇一三年在學校上幸福課，將近十年的時間裡，我從來沒有放棄尋找自己真正感興趣的工作，而且我也相信自己一定能夠找到。在此期間，我曾做過兼職銷售，辦過培訓班，還有過創業經歷。

此外，我也做過兼職教務，並且在多家英語培訓機構當老師。在不間斷的職業嘗試中，我對自己的個性和不同職業特性都有了更加清晰的認識。當我開始上幸福課的時候，我的內心已經非常篤定，這就是值得我去奉獻一生的事業。

尋找自己真正感興趣的工作，就像是小馬過河。自己一個勁地空想沒有任何用處，別人的建議也只能作為參考。這份工作到底適不適合自己，只有試了才知道，唯有經過一次又一次的嘗試，才能離理想的工作越來越近。

賈伯斯在史丹佛大學演講時，曾經說：「成就一番偉業之前，你需要先找到一份自己真正熱愛的工作。如果目前還未找到，繼續找，不要停歇。」（The only way to do great work is to love what you do. If you haven't found it yet, keep looking, don't settle.）

第二，發現錯誤選擇當中的積極意義。說實話，本來我一直認為成為一名新東方老師就是我的最終歸宿，我會因此感覺幸福。但是入職新東方之後，我並沒有感覺到幸福，反而感到壓力重重，身體狀況不斷下滑。但我依然從這份職業當中，發現很多積極意義。

透過做這份工作，我對自己的個性有了更加深入的了解。我多愁善感、感情細膩，與整天教學生枯燥的解題技巧相比，我發現自己更適合去教學生一些思維發散、能觸碰心靈的東西，而上幸福課或是做心理方面的培訓，更加能夠發揮我個性中的優勢。

另外，在新東方工作的經歷，讓我在今後進行職業選擇時，更加注重聽從自己內心的聲音，更加注重工作本身所帶來的樂趣，而不會過於看重收入、名聲等外在的東西。

第三，不要被沉沒成本擋住去路。其實在成為新東方老師之前，我已經在另外兩家培訓機構做過將近兩年的英語培訓。在那兩年的培訓生涯中，我早已感覺到自己其實並不適合教英語，因為在教英語的過程中，自己的內心經常會衝突得很厲害。

我始終覺得講授解題技巧這件事並不能實現自我價值，雖然這可能會幫助學生得到高分，卻沒有辦法幫助學生實現心靈成長。

既然已經覺知到自己並不適合教英語，那為什麼我還要繼續應聘新東方呢？也許是虛榮心作怪，也許是被光環遮住了眼，但是最重要的原因就是**捨不得多年在英語學習和英語教學上的投入**。

人們經常會將那些已經付出的、不可挽回的投入稱為「沉沒成本」。人都有厭惡損失的心理，當初的我也不例外。因為覺得如果不去從事英語培訓，這麼多年在英語方面耗費的精力就都浪費了，實在是有些可惜。所以我一直在忽略內心深處的聲音，沒有追隨自己的興趣去做事。

從一名英語老師轉型成為一名心理學老師，轉型的過程並不容易。當我確定要把心理學作為主攻方向之後，其實我沒有任何心理學方面的資質，只有一張心理學專業本科畢業的文憑。但是為了追求自己真正感興趣的東西，就必須要拿出破釜沉舟的勇氣，全力以赴。

我用兩年的時間考取了國家二級心理諮詢師和上海市學校心理諮詢師，在學校開設選修課，創辦微信訂閱號，撰寫的文章不斷被報紙、雜誌專欄轉載，出版了自己的心理學書籍，一切都慢慢地朝更好的方向發展。

為了追求真正感興趣的事業，我放棄了新東方，選擇成為幸福課老師。雖然轉型的過程並不容易，但我心裡非常清楚一個道理：如果當時我不轉型，依然守著那個不怎麼熱愛的英語教師職位，自己可能會痛苦一輩子。

第5章

自律才會有自由

一個能把無聊的事情都做好的人，必然具備很強的自律能力。而具備自律能力的人，無論做什麼事情，都更容易成功。

堅持這四項原則，才能做到真正自律

在《心靈地圖：追求愛和成長之路》（*The Road Less Traveled: A New Psychology of Love, Traditional Values, and Spiritual Growth*）書中，美國著名的心理治療師史考特・派克（M. Scott Peck）對「自律」進行深入探討，並一針見血地指出，解決人生問題的關鍵就是自律。對此我深表贊同，不信你看看那些人生贏家，哪一個不是自律的高手。

然而，自律並不是一件容易的事，因為在自律的背後，往往有著更深層的心理原因，如果無法洞悉那些原因，那麼所有的努力都將只能保持三分鐘熱度，無法持續下去。

在《心靈地圖：追求愛和成長之路》這本書中，作者將自律背後的深層心理原因概括為四項原則：推遲滿足感、承擔責任、忠於事實、保持平衡。接下來，我將深入闡釋這四項原則，希望可以幫助你更容易做到自律。

1. 延遲滿足感

小美和小麗在同一家公司上班，小美逢人就說時間不夠，自己忙得要死。而小麗卻總是不聲不響地快速把事情做完，還能抽空喝個下午茶。

雖然小美整天說自己忙得要死，但是早上上班後，她總是喜歡先和別人聊個天，然後才磨磨蹭蹭地開始工作，通常難度最大且最重要的工作，都被她放在最後去做。而小麗卻不同，她一上班就先做難度最大且最重要的事，一直到忙得差不多之後，才會放鬆休息。

其實小美和小麗都很努力，但她們最大的差別，就在於是否能延遲滿足感。小美不喜歡延遲滿足感，喜歡先做容易且不重要的事情；小麗則能夠延遲滿足感，喜歡先做完高難度且重要的事情，之後再好好放鬆。

也許你會認為，不管是先做重要還是不重要的事，反正最後只要有把事做完，不就行了嗎？實際上，這兩種不同的做事風格，會對一個人的心理產生完全不一樣的影響。小美會長時間生活在壓力下，小麗卻能從容地掌控生活。不相信嗎？那我們繼續把故事看完。

假設小美和小麗每天都需要工作八小時，而特別重要的事通常只需在一個小時內完成。那麼，小美經歷的是八小時的痛苦，小麗卻只需要經歷一個小時的痛苦。為什麼呢？

這是因為即使小美一直拖延、逃避那一個小時的痛苦，她的心裡卻始終擔憂著那件重要的事（這也就是為什麼她逢人就會說自己忙得要死）。在擔憂了七個小時之後，小美終於決定在下班前最後一個小時，完成那件最重要的事情，於是小美整整痛苦了八個小時。

反觀小麗，她一上班就先處理最重要的事。在痛苦了一個小時後，完成了最重要的事情。於是在剩下的七個小時裡，就可以心情放鬆地去做其他的事情了。

讀到這裡也許你會發現，延遲滿足感也就是先挑最硬的那根骨頭啃，這其實是一件相當划算的事情。

2. 承擔責任

小強已經大學畢業兩年了，卻還是整日宅在家玩網路遊戲。小強覺得自己活得很失敗，過得很頹廢。

小強的家在一座小縣城裡，他也曾經想要像身邊的幾個朋友一樣，去大城市打拚，不過他的父母卻說：「看看你到現在都無法照顧好自己，也沒有什麼一技之長，去大城市工作，你能養活得了自己嗎？」

有一次，小強產生了自主創業的想法，想要在離家不遠的地方租房開一家小吃店，專門賣肉夾饃和臊子面[5]。

當他鼓起勇氣跟父母說出自己的想法，母親一直搖頭，父親說那間房的位置不適合做小吃生意。最後，父親撂了一句：「如果你不害怕賠錢，那就去做吧。賠了錢之後，可別責怪我們當初沒有提醒你。」小強害怕真的被爸爸說中，只好偃旗息鼓。

有好幾次，小強都下定決心要改變現狀，但沒過多久就又開始重新沉溺於網路遊戲。**表面上看，小強是一個非常缺乏自律精神的人，整天玩遊戲，不務正事。但是小強真正的問題，卻是害怕承擔責任。**

他害怕承擔失敗的責任，害怕去大城市打拚之後無法養活自己，害怕自己開了小吃店之後，真的會賠錢。於是他只好待在舒適圈裡，不敢邁出半步，整日玩網路遊戲，過著頹廢的生活。

小強如果想變得自律，必須從勇於承擔責任開始。哪怕遭遇巨大的失敗也要毫不退縮，因為人們往往能從失敗中學到更多。

像小強一樣，整日抱怨父母對自己的人生干涉太多，卻又不敢反抗，總是聽命於父母的人，其實本質上就是害怕承擔責任。因為若是按照父母的意願行事，即使失敗了也不必為失敗負全責，大可以推卸責任、怪罪他人，說當初是父母硬要求自己這樣做的。

只有敢勇於承擔責任，才意味著一個人在人格上的真正獨立。也只有敢勇於承擔責任，才能做到真正的自律。

3. 忠於事實

我有一個學生小華，已經畢業工作好多年了。他對自己的工作並不滿意，卻非常熱愛心理學，因此他不只一次向我透露想要考心理學研究生的想法。他想透過考研究所來改善自己

5　肉夾饃和臊子面：肉夾饃為中國陝西著名小吃；臊子面為中國西北地區傳統麵食。

的境遇，只不過他一直沒有採取具體的行動。

最近他又來找我聊報考的事，我感到有點不耐煩，便直接問他：「你似乎有點懶，問了我那麼多報考資訊，為什麼卻遲遲沒有採取行動？」

學生說：「老師，其實我有點捨不得那些還不錯的同事。要我辭職離開他們，我感覺就像是背叛了他們一樣。」

「但是我覺得你的個人發展也很重要，既然你對自己的工作不滿意，遲早會離開公司，大家總有分別的一天。何況現在通訊這麼發達，離開公司後你還是可以繼續和同事保持聯繫。再說你考的是本地研究生，週末可以繼續和公司的同事聚會。說不定沒有利益關係之後，你們能相處得比以前更好呢。」我一股腦地說出自己的看法。

學生繼續陳述他的理由：「可是老師，我覺得在任何一個單位，至少要幹滿五年才能學到真正的東西。」

我苦口婆心地向學生解釋：「沒有什麼事情是絕對的。你在目前的單位已經三年多了，請問你學到多少東西？你最大的問題是不適合目前的工作，而不是還能從工作中學到多少東西。如果你不喜歡這個行業和這份工作，就沒有辦法真正消化學到的東西，反而會消耗你更多寶貴的時間和精力。」

聽完我這一番話，學生陷入了短暫的沉默，然後說：「老師，我好像真的被很多錯誤觀念給困住了。」

表面上看，**小華是個缺乏自律精神的人，一連幾年想要報考研究生，最終卻沒有真正採取行動。不過他真正的問題，卻是受制於自己腦海中的錯誤觀念，無法採取行動。這些錯誤觀念有「辭職就是對同事的背叛」、「一項工作至少要幹滿五年」等等。**

對小華來說，想要做到自律，必須要先學會忠於事實，用理性的思考檢驗腦海中的觀念。唯有做到去偽存真，摒棄錯誤觀念，才能破除思想上的束縛，走向真正的自律。

4. 保持平衡

《奇特的一生》一書中，提到蘇聯昆蟲學家柳比歇夫有個特別吸引人的觀點：「無論一個人如何努力，每天有效工作和學習的時間也就是四個半小時左右。」

換句話說，無論你具有多麼強悍的自律精神，也沒有辦法一天二十四小時都保持高效學習、工作的狀態。我也嘗試過記錄時間，後來發現一天能維持四個小時的高效學習時間，就已經算是很不錯的成績了。

實際上，即便我們都希望自己能更自律一些，卻無法做到徹底的自律。我們需要及時休息，讓自己的身心恢復調整。

自控力的相關研究也發現，人的自控力實際上是有限度的。當你感覺非常疲憊時，如果依然強迫自己繼續工作學習的話，那麼過度的自律就有可能會削弱免疫系統功能，增加罹患疾病的風險。

亞里斯多德在《尼各馬可倫理學》曾提到，「過度」和「不及」都是不道德的行為，真正有德性的人會保持適度的中間狀態。這種中間狀態，就是自律的第四條原則，保持平衡。前文中討論了自律的前三條原則，實際上我們還應該用「保持平衡」這條原則來貫穿前三條原則，避免出現過猶不及的情形。

具體來說，我們既要懂得延遲滿足感，同時也要懂得適當享受生活，避免活得太苦太累；既要承擔責任，也要學會拒絕不屬於自己的責任，避免增添太多不必要的負擔；既要學會忠於事實，但在悲觀絕望的時候，也知道要把未來看得比實際更美好，告訴自己事情沒有想像中的那麼糟糕。

我們所要追求的，應該是一種恰到好處的自律。

想要戰勝拖延，先要戰勝對失敗的恐懼

大四快畢業的時候，在一位親戚的推薦下，我去了一家英語教育培訓機構實習。第一天到公司，老總笑咪咪地對我說：「聽說你很優秀，我們公司最歡迎優秀的人才加盟。你先多去聽聽其他老師怎麼上課，然後自己準備一堂課，講給我們的老師聽。如果試講通過了，你就能轉成培訓師了。」

後來，我認真去聽其他老師上課。但我始終害怕試講，於是便不停地拖延。**人很容易假裝去忙一些不重要的事情，好去逃避真正重要的事情**。在實習的那段日子裡，我假裝讓自己變得很忙碌，不停地做這做那，就是沒有著手去準備試講。一直拖到實習期結束，我始終沒有鼓起勇氣試講。

這些年來我一直想活得勵志一點，但每次想起這件事，我都覺得自己怎麼那麼沒骨氣。直到我學了有關拖延心理學的知識，才明白當初自己為什麼會忍不住一直拖延。

因為在內心深處，我一直認為自己並非英語專業科班出身，缺少扎實的專業功底。每當要在英語專業人士面前展現自己的英語水準時，我都顯得不夠有自信。

其實，我之所以拖延試講，是因為害怕自己失敗，害怕讓親戚失望，同時害怕讓英語專業人士發現我是一個「水貨」，便不斷地拖延。

在珍．博克（Jane B. Burka）、萊諾拉．袁（Lenora M. Yuen）合著的《拖延心理學：為什麼我老是愛拖延？是與生俱來的壞習慣，還是身不由己？》（*Procrastination Why You Do It, What to Do About It Now*）一書中，作者提出一個重要觀點：「**拖延的人往往都患有失敗恐懼症**。」

喜歡拖延的人在內心深處，往往會遵循一種錯誤的邏輯：「做事失敗＝我的能力很差＝我是一個沒有價值的人」。只要拖延，這個邏輯就不會再繼續發揮作用。因為只要持續拖延，拖延者就不會遭遇任何失敗。如此一來，就無法證明拖延者的能力很差，更沒有機會去證明拖延者是個沒有價值的人。

如果明白這個道理，你就不難理解為什麼有那麼多人會在考前，不斷拖延自己的複習計畫。然後在考試結束之後，又會反覆強調自己是裸考上陣。其實，他們的潛台詞是：「即使我考砸了，也不表示我的能力差，因為我根本就沒有認真準備。如果我好好準備，肯定可以考出很好的成績。」

這也能說明，為什麼有些人會喜歡拖到最後一刻，才去完成上司交代的任務。並且在回報任務的時候，反覆向周圍人強調自己並沒有用盡全力去做。其實，他們的潛台詞是：「即便任務做得並不出色，也不表示我的能力差，因為我根本沒有用盡全力去做。如果我多花點時間去做，一定能做得更加出色。」

用一句話總結，就是**有些人寧願承受拖延帶來的痛苦，也不願意承受努力之後，遭遇失敗所帶來的自我價值懷疑**。

我認為，一個人能犯的最大錯誤，就是害怕失敗而不敢去嘗試。因為害怕失敗，人們就會不停採取拖延戰術，始終讓自己活在「我其實很厲害」的自戀幻覺之中。然而不斷拖延，只會帶來更多的焦慮和壓力，讓你永遠都無法知道自己的真正潛力。

想要戰勝拖延，必須先戰勝對失敗的恐懼。而想要戰勝對失敗的恐懼，就要先改變對失敗的看法。

面對失敗，其實你有兩種選擇。第一種選擇，你可以把失敗看成是對自我價值的極大否定，進而調動全身力氣去逃避失敗。另一種選擇，你也可以把失敗看成是走向成熟的必經之路，當作自我成長和完善的絕佳機會。

如果你經常選擇前者，你的人生道路就會越走越窄；如果你經常選擇後者，那麼你的人生道路就會越走越寬。

有一段時期我的文章點擊率很低，於是我很沮喪，懷疑自己的寫作能力，開始拖延寫作這件事。後來我才慢慢發現，這種拖延只會讓我陷入無窮無盡的負面情緒之中。

然後我開始告訴自己，點擊率低，表示文章的確在很多方面都存在問題，有可能是標題不夠吸引人，也有可能是自戀的成分太多，或是乾貨內容太少、缺乏真情實感等等。總之，我不停地閱讀那些點擊率低的文章，悟出許多關於提升寫作水準的規律。

現在，每當我因為擔心寫不出點擊率高的文章，遲遲不肯下筆的時候，我都會給自己一些積極暗示，提醒自己把寫失敗的文章，當成是練筆的絕佳機會。

我會試著跟自己說：「要把每一次寫作都當成是一種練習，也許我寫的文章糟糕透頂，但我至少敢去面對真實的自己。而且我相信付出百倍的努力，經過一次又一次的改進，最終一定能夠寫出很棒的文章。」

只有拋開對失敗的恐懼，把失敗當成讓自己成長的機會，拖延症才會慢慢遠離。

戒掉手機依賴，學會這三個方法就足夠了

Alex 來找我做諮詢，他說自己最近很焦慮。

原來，Alex 報名參加一場職業資格測驗，再過一個月就要考試。之所以如此焦慮，原因是他覺得自己的學習效率非常低，每隔幾分鐘就忍不住要看一次手機。

Alex 跟我說，他彷彿陷入了一個惡性循環。**頻繁地看手機降低了他的學習效率→學習效率的降低讓他非常焦慮→感到焦慮的 Alex 又變本加厲地看手機尋求內心的安慰。**

在諮詢的過程中我也的確發現，只要有微信提醒聲響起，Alex 就會忍不住去看手機。有幾次或許是為了避免尷尬，Alex 說他想把我說的重點用手機記下來，但我用眼角餘光瞄到，其實他是在急切地回覆微信上的訊息。

我忽然想到，有一個新的專業術語可以描述 Alex 的症狀——「無手機恐懼症」（No-mophobia），或稱為「手機依賴症」。無手機恐懼症主要是指，在生活中一旦離開手機就會感到焦慮的人。這一類人總是忍不住去查看手機有無訊息或提醒，有時他們甚至會出現「鈴聲幻聽」或「震動幻覺」等症狀。

像這樣頻繁翻看手機的行為其實危害很大，因為它會打斷大腦的思路，使我們無法一心一意地做事，嚴重影響我們學習和工作的效率。

那麼問題來了，**為什麼有很多人總是會忍不住去看手機呢？**實際上，答案的背後隱藏某些深層的心理因素。

第一，希望自己的需求立刻得到滿足。與其他娛樂方式相比，玩手機能以最快的方式，滿足我們想要娛樂或是放鬆的心理需求。

我們都明白「讀一本有趣的書」要比「單純刷朋友圈」更有意義，不過大多數人都會選擇刷朋友圈。為什麼呢？因為刷朋友圈簡單、快速，能讓需求立即獲得滿足。

一項調查研究發現，網路上的消費者希望網頁能在兩秒內載入完畢，一旦拖了三秒鐘以上，許多人就會放棄這個網站。這實際上也反映了，人們總是希望自己的需求立刻得到滿足的心理。

第二，想要追求確定性。想像一下，此時此刻你的手機收到一條訊息提醒。你會繼續工作，還是會停下來看一下手機？

如果忍住不去看手機，我們的大腦就會控制不住地去想：「是誰發來的訊息呢？這條訊息是否很重要？如果沒及時回覆，對方會不會生氣？」當腦中不斷盤旋著所有可能性，人們便很容易掏出手機查看訊息。因為只要看一下，一切的疑問就能得到明確的解答。

我們也明白，按照常理來說，真正緊急的訊息是非常罕見的。但我們還是會掏出手機，非理性地渴望排除萬分之一的不確定性。

第三，拚命尋找存在感。很多人會在無聊的時候拿起手機刷朋友圈。其實微信朋友圈就像是一個虛擬的小社會。在這個小社會裡，人們渴望自己發的動態被人關注，渴望有人願意和自己互動。這一切，都是人們渴望擁有存在感的心理在起作用。

以我個人來說，最難以抗拒手機誘惑的時刻，就是在朋友圈新發佈一條動態，或是剛透過訂閱號發佈一篇新文章之後。這時我總是會忍不住去查看手機，有多少人給我點讚或留言，尋求一種存在感。

那麼，該怎麼做才能治好無手機恐懼症呢？以下分享三個方法。

第一，延遲滿足自己，試著將玩手機當成獎勵。

關於自控力，心理學家沃爾特・米歇爾（Walter Mischel）曾做過一個著名的「棉花糖實驗」。參加實驗的孩子面臨兩種選擇，一是馬上吃掉一顆棉花糖，另一個是等待十五分鐘，吃掉兩顆棉花糖，透過棉花糖來試探孩子們的自控力。

研究者最終發現，**那些懂得延遲滿足自己的孩子，在未來發展得更好，也更為成功。例如他們在學校裡表現得更好，考試成績更高，藥物上癮的機率更小，甚至是離婚的比例也較低。**

如果你不想讓未來的你，討厭現在的自己，那麼一定要學會延遲滿足。也許有人會說：「好吧，我知道延遲滿足很重要，但我就是無法控制不去玩手機，該怎麼辦？」

這時，我們可以利用「人們總是想要得到獎勵」的本性，來加強自己的自控力。具體來說，就是我們可以將「玩手機」當成一種獎勵，然後運用獎勵機制來增強自控力。例如，我們可以和自己約定，如果能夠持續學習一個小時，就獎勵自己玩十分鐘手機。如此一來，就更有動力堅持下去了。

第二，在執行重要工作的時候，遠離手機或是保持離線狀態。

我們的注意力資源有限，一旦注意力被手機分散，往往需要花費更多時間才能重新恢復集中狀態。因此，當你需要完成重要工作時，關閉 WIFI 網路或是讓手機處在離線狀態，是非常必要的手段。

有一次，在給一批中小學老師上幸福課時，我建議大家把手機調成靜音或離線狀態，不要在課堂上看手機。有一位學員馬上反駁我：「老師，你根本就不明白我們的處境。不看手機，萬一錯過重要的訊息該怎麼辦？如果我沒看到校長發的訊息，回頭他刁難我該怎麼辦？如果我沒看到家長發的訊息，他們到教育局去告我該怎麼辦？」

其實，這位老師的擔憂是一種典型的災難化預測，而這些情況發生的機率非常低。即使遭遇最壞的情況，我們也能有相對應的解釋，或是找到補救措施。

我想說的是，我們不應該為了機率低的事情整日提心吊膽，一刻也離不開手機，進而嚴重影響工作效率，因為這是一件非常不划算的事。

第三，集中在一段時間內，對同一類型的任務進行批量處理。

一項研究發現，「不受打擾的工作效率」要比「同時完成好幾種不同類型任務」的效率高出四倍。另一項研究發現，與不斷切換任務的十個三分鐘相比，不受打擾的三十分鐘，能讓工作效率提高十倍。

所以我們最好不要在同一段時間內，同時進行不同類型的任務。例如，不要一邊看書一邊回覆手機訊息，因為會同時影響到讀書和回覆訊息的效率。

不過如果我們能學會在一個時段，對同一種類型的資訊進行集中批量處理，就能大大提高做事的效率。例如，即便我們發現手機收到訊息，也不要急著回覆；在朋友圈發的狀態收到很多讚，也不要急著查看。應該先把手頭的事情忙完之後，再去集中回覆，這麼做的效率比「一邊忙工作上的事情，一邊回覆手機訊息」的效率要高出許多倍。

知而不行，不如不知。當你下一次在工作中忍不住想玩手機時，就試試上述的三種方法吧。

改掉五個壞習慣，我遇見了更好的自己

說真的，心理學教會我的重要一堂課，就是永遠不要因為害怕痛苦，而拒絕去改變自己。在做心理諮詢的過程中，我見過太多的來訪者，因為拒絕改變而使問題變得更嚴重。其實拒絕改變自己的本質就是在逃避問題，**而逃避問題是各種心理問題的根源**。

以前的我活得很封閉，小心翼翼地待在自己的舒適圈裡。結果始終活在很小的格局裡，一直沒有什麼大的長進。後來我決心改變自己，向壞習慣宣戰。在戒掉五個壞習慣之後，我遇見了更好的自己。

第一個改掉的壞習慣——壞脾氣

在大多數人的眼中，我是個脾氣很好的人。不過實際上，我曾經是一個脾氣暴躁的人。記得剛談戀愛時，只要自己脆弱的自尊心受到一丁點傷害，我就會朝女友大吼大叫，甚至還會摔東西。這一點或許是受到原生家庭的影響，複製了當年父母處理問題的方式。

直到有一天我想改變自己，因為我不想再繼續傷害跟我最親近的人，而且我想變成一個更優秀的男人。不過無法否認的是，習慣的力量真的很強大。當我受到挑釁時，還是很容易會被激怒。於是我透過深呼吸、散步、寫日記等方式宣洩情緒。

相信我，當你具有足夠的決心想要改變自己時，你就一定能達成目標。後來經過持續不斷的努力，我真的改掉了壞脾氣，家庭氣氛也變得和諧許多。

第二個改掉的壞習慣——不運動

二〇一六年以前，除了偶爾打打籃球之外，我沒有什麼固定的運動習慣。直到有一天，成倍的工作和學習壓力襲來，我覺得自己的大腦快轉不動了，經常頭疼。

我讀了關於腦科學方面的書，這些書都提出同樣的觀點，那就是運動能有效促進大腦運轉。於是我便下定決心改變，慢慢養成運動的習慣。

現在，我每週至少會做兩次有氧運動。養成運動的習慣，不僅讓我覺得更有活力，而且大腦的運轉效率也提升了。

第三個改掉的壞習慣——不節制

以前的我不懂得節制，吃飯時為了討家人開心，經常不顧已經吃飽了，還逼自己繼續吃，導致食物難以消化，胃不舒服，甚至積壓了大量的怨氣。

朋友聚會時，為了證明對朋友的真感情，我會喝下過量的酒，結果胃難受了好幾天；工作和學習時，遇到身體不舒服的狀況，我也會咬牙堅持，以致病情變得更嚴重。

後來我下定決心改變，堅決不為討好任何一個人而勉強自己。因為我漸漸明白，只有懂得愛自己的人，才會贏得別人的真正尊重。身體不舒服時，我也會及時休息。我發現自己的身體最重要，長期的持續發展，勝過一時的咬牙硬撐。

第四個改掉的壞習慣——晚睡

以前我很喜歡晚睡，因為這樣就有更多時間可以學習，並且認為早早睡覺是浪費時間的表現。

然而，問題在於晚睡的我還堅持早起，這簡直就是在透支自己的身體成本。我發現晚上少睡一個小時，會嚴重影響第二天的學習效率。這時，反而變成「早起毀一天」了。

後來我開始早睡早起，為了堅持早睡還設置了一個鬧鐘，在晚上九點半左右提醒自己，應該慢慢進入睡眠模式了。如此一來，就能保證在十點前上床休息。

養成早睡早起的習慣，讓我的精力倍增，同時也讓我有了可以掌控人生的成就感。

第五個改掉的壞習慣——孤芳自賞

老實說，我是一個很自戀的人。只要別人誇獎幾句，我就會當真，而且還會馬上變得滔滔不絕。這種孤芳自賞的心態，導致我的思維變得封閉，不願意接受新的東西。以寫作為例，雖然持續寫作了三年，卻始終沒寫出什麼大的名堂。

期間有不少人給我建議，希望我不要把文章寫得太學術、不要寫得那麼長，最好能聚焦在某一個領域，使文章能為別人帶來實在的價值等等。可是自戀的我，根本就沒有把建議放在心上。直到有一天，我發現那些比我起步晚的人，都已經出版了自己的書，才開始想要改變。

我開始考慮要怎麼為文章設定一個吸引人的題目，要怎麼讓文章的內容有趣、有料、有用。慢慢地，我的文章受到越來越多關注。直到有一天，有出版策劃人聯繫我，問我有沒有興趣把那些文章變成一本書。

以上，是我的改變歷程，不知道親愛的你，是否從這些經歷中看見自己的影跡？習慣是一股強大的力量，塑造了我們的命運。只有具備強大的自律能力，我們才能改變那些不好的習慣，活出更好的自己。

也許有些人會說，改變壞習慣很難，想要做到自律不容易。但我始終認為，這個世界上有兩種痛苦，你必須選擇一種。一種是主動改變自己所要承受的痛苦，另一種則是拒絕改變自己所要被動承受的痛苦。

其中，主動改變自己是一種有著積極意義的痛苦。因為唯有當你承認自己的壞習慣，敢對自己下狠手，才能變得更強大。相反的，拒絕改變是一種有著消極作用的痛苦。雖然從表面看來，不去改變可以減少痛苦，暫時停留在舒適圈內，然而卻會錯過許多成長的機會，讓人生處處被動。

總而言之，改變自己很難，不去改變自己更難。親愛的讀者，讓我們一起加油，努力改掉自己身上的壞習慣吧。

總是沒時間讀書？試試這五種方法吧

有一位粉絲問我：「小宋老師，我想請教您。我一直覺得看書挺重要，讀書是一輩子的事。可是我卻總是被各種雜事纏身，只剩下一點時間可以看書。其實我很想看各種書好豐富自己的學識，但真的是心有餘而力不足，請問您有什麼建議嗎？」

這是一個非常普遍的問題，我也曾為此困擾過。後來我不斷累積經驗、總結方法，讀書的質量都有了大幅提升。現在我基本上能每週讀兩本書，並且保持源源不絕的寫作輸出。讀書的習慣讓我受益匪淺，為生活帶來很多積極的改變。接下來，我就分享自己的讀書經驗和方法，希望能有所助益。

1. 設定具體的讀書目標，給自己必要的激勵

一個明確具體的讀書目標，會產生好的激勵作用。如果只是設定一個模糊的目標，例如「新的一年，我要多讀點書」，那麼在追求目標的過程中，就很容易半途而廢。

我們應該將「新的一年，我要多讀點書」的目標加以量化。例如：你打算一年讀多少本書？回推下來，你在每個月和每週各需要讀多少本？若是能將目標精細化，並且設定在自己能夠完成的範圍內，就會更有動力去完成。

這裡要特別說明的是，你必須基於保證讀書品質的前提下，再去追求數量。如果無法保證讀書品質，無法將從書中獲取的知識用在改變自己的思想和生活，那麼讀再多書都沒用。

此外還要注意，不要一開始就設定太高的讀書目標。因為**將目標設太高會很難完成，最後就會挫傷人的自信心，導致徹底放棄讀書計畫**。比方說，二〇一四年我完成了四十本書的閱讀目標，二〇一五年我完成了六十本書的閱讀目標，第三年我的閱讀目標是一百本書。

我之所以敢設定一年讀一百本，是根據過去幾年的讀書經驗，知道該如何去規劃讀書時間，了解自己的能力邊界，並且有系統地學習關於高效讀書的方法。所以讀書目標的設定一定要循序漸進，不可操之過急。

2. 為讀書預留固定的時間，形成習慣就更好堅持

無論你是上班族還是學生，**無論你白天多麼忙，還是可以透過早起空出額外的讀書時間**。因為何時起床，是自己可以選擇控制的。

我白天工作比較忙，經常會碰到想要讀書卻苦無時間的情況。後來我發現每天堅持早起，就有很多額外的時間可以用來讀書，與其在床上糾結著要不要起床，通常讀書會為我帶來更多成就感。

現在，早起看書成了習慣，每天早上六點半至七點半是我固定的讀書時間。一旦養成習

慣，就不需要每天再額外去思考該何時讀書了。

3. 讓你想要讀的書籍，變得觸手可及

想要盡可能的多讀點書，除了學會養成習慣，利用一整段的時間讀書之外，還要學習如何利用零散時間。例如無聊發呆的時候、在地鐵上無所事事的時候、在等公車的時候等等，都是讀書的絕佳時機。

當然，這有一個前提，就是在你想要讀書的時候，隨時隨地都能找出一本書閱讀。想要做到這點，你需要確保自己處於被書本環繞的環境中。在我的臥室、辦公室擺放著許多書籍，全都觸手可及。當我得空的時候，就可以快速拿到一本書來翻閱。

此外，我們還可以利用手機的閱讀軟體，只要隨身攜帶手機，就可以隨時隨地閱讀。我最喜歡的軟體是「當當讀書」和「掌閱」。你可以預先下載好自己想要讀的書，以便在想要閱讀時能夠隨時翻上幾頁。

4. 讀一些有關讀書方法論的書籍，提高讀書效率

正所謂磨刀不誤砍柴工，有系統地學習一套讀書的方法，可以讓你事半功倍。例如閱讀莫提默．艾德勒（Mortimer J. Adler）與查理．范多倫（Charles Van Doren）合著的《如何閱

讀一本書》，但我老實說，這本書讀起來感覺有些晦澀。建議大家去閱讀秋葉的《如何高效讀懂一本書》，相對來說更通俗易懂。

對我來說，我更喜歡另外兩本書，**第一本是趙周老師的《這樣讀書就夠了》**，這本書強調讀書時應堅持「學為己用」的理念，並且教你如何將一本幾十元的書，讀出幾萬元培訓班的效果。

第二本是齊藤英治的《國王的快讀法》，這是一本介紹速讀方法的書，書中最核心的理念，就是教你如何在三十分鐘內閱讀完一本書。也許你會覺得三十分鐘讀完一本書很不可靠，畢竟有許多經典書籍需要花時間細細品味。我也非常認同這個觀點，所以我認為《國王的快讀法》適合用在閱讀一些通俗的商業書籍。

總之，有系統地學習讀書方法，可以幫助你提升讀書效率。透過科學有效的閱讀方法，大部分的商業書籍都可以在一兩個小時內讀完。

能否在短時間內高效地讀完一本書很重要，試想，一本書總是讀不完，人就容易喪失讀書的熱情，容易厭倦沒有信心，最終便很難堅持下去。

5. 找一個安靜的環境讀書，或者直接遮罩掉雜訊

有時我們會因為周圍的干擾、雜訊太多，而無法全神貫注地讀書。這時候，僅憑藉自己

有限的意志力去克服雜訊的影響，只會耗費更多的心理能量和意志力資源，使人更容易感到疲憊，嚴重影響讀書的效率。

這時我們面臨兩種選擇，一種是找個安靜的地方讀書，例如圖書館、自習室、書房等，另一種則是聽些舒緩的背景音樂，遮避掉周圍的雜訊。

由於我在學校裡工作，在住校的日子裡，下班後我會到圖書館而不是回辦公室看書。因為辦公室經常有人進出，非常影響讀書效率。不過要是恰逢學生考試複習時段，學校圖書館往往會人滿為患，我就只能選擇在辦公室讀書。這時我會戴上耳機，遮避周圍的雜訊讀書。

有時候，只要做一點小小改變，就可以解決沒時間讀書的問題。

不要假裝透過忙碌，來逃避那些真正重要的事情

我很羨慕、也很佩服那些能夠持續每天更新的原創作者。他們有很多都不是全職寫作，平常有本職工作要做，但是他們卻能在繁忙的工作之餘，堅持日更。

我這個人的好勝心很強，有時會忍不住問自己：「為什麼別人能做到日更，我卻只能周更？」我為自己找的藉口，就是自己真的很忙，要上班、讀書、顧孩子等等，總之根本擠不出多餘的時間每天寫作。

俗話說：「失敗者找藉口，成功者找方法。」當我開始認真分析時間都用去哪裡後，才發現自己的時間管理有個重大問題，那就是很多時候，我喜歡藉由不停去忙一些不重要的事情，來逃避真正重要的事情。

對我來說，這些不重要的事情包括玩手機、看新聞、回覆留言、看有多少人為我寫的文章按讚等等。

在時間管理書《小強升職記》中，作者將消耗在無意義事情上的時間，稱為「時間黑洞」。有些人的時間黑洞是逛淘寶，不停在網站流覽各種商品；有些人是刷朋友圈，不停看別人發佈的狀態；有些人是收拾東西，不停地整理辦公桌上的各種物品。

我有一位朋友曾跟我抱怨說，他的工作非常忙碌，連上廁所的時間都沒有。我建議他記

錄一下時間的使用方式，看看自己的時間黑洞在哪裡。後來他跟我說，他的時間黑洞是刷頭條新聞。他每天花在頭條新聞的時間，加起來超過三個小時，而他竟然還抱怨沒有時間去上廁所。

總之，時間黑洞吞噬了大量寶貴的時間，讓我們無法抽出更多時間去做真正重要的事情。

和幾個朋友討論後，我才發現很多人都有類似的問題。一邊是重要的事情一直被延後放置，始終沒時間去做；另一邊是不重要的事情，卻總是忙得不亦樂乎。**為什麼有些人總是喜歡藉由忙不重要的事情，來逃避真正重要的事情呢？**這背後有著深層的心理學原因。

第一，我們的大腦喜歡做簡單的事情。所謂重要的事，往往是複雜的事情。寫一篇文章跟回覆留言相比，我很容易選擇先去回覆留言。

試想一下，要摒除各種誘惑，專心致志地寫文章多痛苦啊。你需要考慮文章的架構、考慮遣詞造句，還需要一字一句地用鍵盤敲出整篇文章。然而回覆留言卻很簡單，只要稍微思考，動一下指尖就可以完成了。

第二，我們的大腦渴望得到及時滿足。假如有一本書和一支手機擺在你的眼前，你會選擇先看書還是先玩手機？雖然我們都知道，看一本書的價值遠遠大於玩手機，但是大部分的人都會選擇先玩一下手機再說。

因為我們的大腦渴望得到及時滿足，玩手機可以快速滿足想要娛樂的衝動，而讀書往往需要耗費更長的時間，才能達到讓心靈放鬆的效果。心理學上有個「延遲折扣」效應，意思是等待獎勵的時間越長，獎勵對你的價值就越低。

第三，我們的大腦害怕頻繁受到干擾。當我們要完成重要任務的時候，最怕受到外界干擾。因為一旦大腦的注意力被分散，就需要花更多的時間，才能重新回到集中的狀態。

然而在工作場合中，我們很難不受到干擾。例如，突如其來的電話、同事之間的交談，或是一些需要盡快處理的突發事件等等。這些干擾的存在，會導致我們心煩意亂，無法專注去做重要的事情。為了逃避這種心煩意亂，很多人就會逃避去做重要的事情。

最後我們來看一下，如何才能迎難而上，讓自己完成那些真正重要的事情。

第一，把複雜的目標分解成簡單的目標，消除畏難心理。

我們的大腦喜歡做簡單的事，不過重要的事往往很複雜。例如寫一篇兩千字的文章，完成一個艱巨的工作項目等。這時，我們可以先把複雜的大目標分解成簡單的小目標，好讓自己克服畏難心理。

例如，寫一篇文章的目標，可以分解為先花十五分鐘寫一個大綱，再花十五分鐘完成第一段，然後再花十五分鐘完成第二段，以此類推。最後，再花二十分鐘進行文章潤校。

第二，用獎勵激勵自己，完成那些重要的事情。

當我閱讀正向心理學之父馬丁．塞利格曼的著作時，發現一件有趣的事。塞利格曼教授經常在書中提到他的愛好，就是他每天幾乎都要花費不少時間去打橋牌。

其實，只要仔細觀察周圍那些工作效率高，總是能堅持完成複雜任務的人，就會發現有一個共通點：他們幾乎都有固定的娛樂和休閒方式，在辛苦的工作後會好好地犒賞自己。

如果你想完成一項重要的任務，不妨從為自己設置一項獎勵著手。例如多玩一下遊戲，或是購買一樣心儀的電子產品等等。獎勵的設置，能夠激勵我們更容易完成那些複雜且重要的任務。

第三，尋找並利用自己的「硬時間」，不受干擾地工作。

如果在做重要事情時，你的思路總是頻繁地被打亂，那麼你會很容易惱怒並且無處發洩。

所以我們必須要將最寶貴的黃金時段，用來做最重要的事情。而黃金時段的一個重要標準，就是確保在這段時間內，你不會輕易受到打擾。有人將這個時段稱為「硬時間」，經過認真分析後，我發現自己的硬時間是早上七點到八點，以及晚上六點到八點。

在這段硬時間內，千萬不要去幹一些沒有意義的事情，例如玩手機等等。那些沒有意義的事情，完全可以留到空閒時間再去做，例如感到疲憊的時候。這樣你才能確保自己能用最高效率，完成最重要的事情。

如果你不想成為「窮忙族」當中的一員，就請千萬不要把大量的時間花費在玩手機上。要知道，決定人和人之間差距的，是一個人每天能做多少真正重要的事，而不是去做多少不重要的瑣碎事。

道理很簡單，如果你每天都在做十分重要的事情，那麼你就會成為一個十分重要的人；如果你每天都在忙不重要的事，那麼你就會成為一個不重要的人。

忍受住無聊，你才有資格享受美好

有一個學生問我：「大學裡面有很多課程感覺很無聊，想要蹺課卻又害怕老師點名，內心很糾結，該怎麼辦？」

這種感受我完全能夠理解，不過我不太贊成這種「一遇到無聊的事情就想逃離」的心態。道理很簡單，因為無論是學習還是工作，我們都很難發現有哪件事情是時時刻刻都充滿著樂趣。

比方說，雖然我很喜歡現在的工作，但在這份工作中也有很多令人感到無聊的事，例如參加冗長的會議、提交各種表格、統計各種資訊等等。即使在上幸福課時我充滿激情，但依然得熬過漫長的備課，以及課程結束後批改作業的過程。

以前我曾經在新東方教過英語，很多人會羨慕新東方老師在課堂上的旁徵博引、揮灑自如，卻不知道老師為了備一堂課，所耗費的漫長時間和巨大精力。

例如，很多老師在上課前會先寫逐字稿。如果是四十分鐘的課程，通常要寫一萬多字的逐字稿。記得我剛應聘到新東方的時候，即使備課效率較高，還是得備課到深夜一兩點鐘。

我認為如何應對無聊的事情，是人生中必須面對的課題，不妨把那些一時難以逃避的無聊事情，當成是人生中一場重要的修行。

我有一個研究生室友的英語會話說得特別好，一口美式發音很容易讓人以為他是「Native English Speaker」（土生土長的美國人）。

每次看到他和老外侃侃而談，一向自詡英語還不錯的我，對他也是充滿了羨慕嫉妒恨。

他說自己特別享受和老外聊天時的感覺，覺得自己可以侃侃而談，遊刃有餘。沒錯，他總是能輕而易舉地收穫別人羨慕的眼光。

但是我也知道，為了練好會話，他做了多少枯燥且無聊的事情。比方說，他強迫自己看了上百遍《走遍美國》的教學影片。而且除了陰天下雨之外，每天早上他都堅持早起去學校的小花園大聲朗讀英語。此外，他的床頭上還貼著英語會話常用的九百九十九個句型，每天睡覺前都念念有詞，然後才心滿意足地睡去。

在《刻意練習》這本書中，作者曾提到：「**只有那些花了數年時間苦練某項技能的人，才會自然而然地喜歡上那項技能。**」

以彈鋼琴為例，我敢打賭，無論是外國的莫札特還是中國的郎朗，他們在台上真正享受彈鋼琴的樂趣之前，一定都經歷過相當漫長的技能練習階段。而這個漫長的練習階段，也必定伴隨著若干段無聊，甚至是痛苦的時光。

有一次，我和一位來學校招聘學生的HR聊天。對方告訴我，他們公司招聘學生有一個標準，那就是大學英語考過六級。

雖然他們也承認，獲得大學英語六級證書並不代表英語就很優秀，但是他們依然會把考過英語六級，作為招聘的一個重要標準。**因為他們覺得通過英語六級檢定，至少說明這個學生的學習能力和自律能力不會太差。**

他說：「想想看，假如一個學生在對英語不感興趣的前提下都能考過英語六級，那麼他一定具備很強的自律能力和吃苦耐勞的能力。具備這種軟實力的人，將來在職場上也一定會成長得很快。」

沒錯，一個能夠把無聊的事情做好的人，必然具備很強的自律能力。而具備自律能力的人，無論做什麼事情都更容易成功。

我最佩服的作家村上春樹，除了在寫作上取得了巨大的成就，還長年堅持跑步，最終成為一名馬拉松比賽的選手。雖說長跑是一件很無聊的事情，但村上春樹卻認為，在堅持長跑的同時，也提高了他寫作的高度。

他說：「三十三歲，是耶穌死去的年紀，也是菲茨格拉德開始走下坡的時候，而我在這個年紀開始長跑，這才是我真正作為作家的起點。」

很多人會被錯誤的觀念誤導，認為自己之所以沒能把手邊的事情做好，是因為這件事情過於無聊。假如遇到自己真正感興趣的事情，就一定可以把事情做好。

我認為，這只是一個美麗的幻想。上述這兩句話，你應該說：「**如果你遇到無聊的事情，都能堅持把它做好，那麼當你遇到真正感興趣的事情，一定可以做得更好。**」

數年前，我開始在簡書平台上寫文章。如今，當年和我同時間開始寫文章的人，有的已經成了網紅，有的已經出版了好幾本暢銷書。我知道，他們比我付出了更多的努力。

我一直默默地觀察，這些在新媒體寫作界冉冉升起的新星。我知道，每一個成名的草根新銳作家，都必須付出常人難以承受的艱辛。

記得有一天，我看到一位簡書知名作者在文章中寫到：「為了全力以赴地寫作，娛樂變成一件十分奢侈的事情，有時只是刷一下朋友圈都充滿了罪惡感。持續寫作的我就像是一個苦行僧，正在進行一場艱辛的修行。」

的確，如果想要持續寫作，尤其是選擇透過寫作這條路來體現自己的價值，就要做好當苦行僧的準備。對我而言，這種痛苦尤其會在沒有靈感時出現，或是下了班、週末想要放鬆一下的時候，甚至是在臥室寫作，但心裡卻想去客廳陪兒子多玩一會兒時出現。

曾經有兩位學校的老師告訴我，他們學校的圖書館採購了我的第一本心理學圖書《痛苦，不過是一份包裝醜陋的禮物》，他們認為這本書對培養學生建立積極樂觀的心態很有益處。聽到這個消息，我好開心。

這本書，我花了三年的業餘時間才完成，然而每當得到別人認可的時候，我就會瞬間覺得一切付出都很值得。這時，我的腦海會浮現一句話：「只有忍受住無聊，你才有資格享受美好。」

第6章 心理強大才能贏

想擁有強大內心，你需要具備：界限感，堅定地守住自己的底線；使命感，為所從事的事業賦予正面意義；鈍感力，不要因為小事過分敏感和糾結；行動力，果斷行動，化解焦慮；抗壓力，適度的壓力有助創造最佳成績；休閒力，會休閒才能煥發持久活力；幸福力，主動接受挑戰，活出生命的意義。

界限感：你對誰都那麼客氣，難怪會活得那麼累

Lily 在一家健身機構做私人教練，她待人特別客氣，是公司裡出了名的老好人。不管是誰發訊息給她，她都會認真回覆，甚至喜歡在微信聊天時，發一連串的表情，生怕詞不達意。例如，她經常會在回覆中加上一個笑臉、兩個抱拳、三朵鮮花。

最近，她任職的機構生意不怎麼好，準備和另外一家機構合併，管理高層開始醞釀裁員計畫。有一天人力資源總監 Mike，在微信群裡透露了公司可能要裁員的消息。遇上這種事情，群裡的教練都感覺心情沉重，大多數人也都表示對這項決定的極度不滿。

一向待人和氣的 Lily，這時在群組裡說：「大家不要著急生氣，我們也要理解公司目前的處境，尊重公司做出的決定。」

然而，發完這條訊息後沒多久，Lily 竟發現自己被踢出了群組。很快的她收到了 Mike 的私訊：「抱歉 Lily，我也是奉命辦事，希望妳一切安好，感謝妳對公司的理解。」

對 Lily 而言，這簡直就是晴天霹靂！在此之前，她還一直覺得自己的人緣很好，公司肯定不會裁掉自己。同時她還想說要如何在群組裡再發一條訊息，好安撫同事們的情緒，沒想到被裁員的竟然是自己。

雖然 Lily 不得不接受被炒魷魚的現實，但是這件事給她的打擊很大。在和一位心理諮

詢師聊天的過程中，她忽然意識到自己為人處世的方式有很大的問題。說得具體一點，就是過度的禮貌與客氣，不僅沒有幫她換來牢不可破的人際關係，反而讓高層認為，既然 Lily 的脾氣很好，那麼即使辭掉她也不會遇到太大的反抗。

心理諮詢師跟 Lily 說：「**在人際交往的過程中，妳之所以會被不公平地對待，是因為妳可以被這樣對待**。」當你從來都不敢表達憤怒，待誰都客氣沒有脾氣，總是努力做一個爛好人的時候，或許你就會在得到別人膚淺贊許的同時，也被人打從心底裡看不起。

從心理學的角度來看，過分客氣的本質就是邊界感的模糊。所謂邊界感模糊，就是指當你的邊界被侵犯，權利受到威脅時，你還是依然忍氣吞聲，不懂得據理力爭。

也許有人會說，難道對別人客氣或禮貌一點有錯嗎？當然沒錯，但我在這裡說的是過分客氣。要知道，所有事情都有一個限度，「過分客氣」和「毫不客氣」都是有問題的處世態度。

在讀大學的時候，我就是一個無論對誰都特別客氣的人。雖然那時候我當班長，卻沒有交到幾個真正的朋友。有一天，寢室裡的一個兄弟對我說：「也說不上為什麼，就是感覺你活得比較假，很難從內心真正接近你。」聽到這句話我感覺很難受，明明我在與人相處的過程中投入那麼多精力，盡力做到與人為善，為什麼沒能交到知心朋友呢？

後來我才明白，自己之所以會給別人一種「活得很假」的感覺，是因為我很少表達真實情感。該生氣的時候，我忍氣吞聲不敢對人發脾氣；該高興的時候，我會以「成熟」的名義過度壓抑。總之，我不敢怠慢身邊的任何一個人，總是努力對別人保持禮貌與客氣。**然而，過分的禮貌與客氣，有時只是和人保持距離的一種方式**。

後來我也意識到，過分的客氣和禮貌，除了會讓別人感覺「活得比較假」外，還會讓我覺得非常累。因為壓抑真實情感會耗費大量的心理能量，也耗盡與別人交往的熱情。

讓我們簡單總結一下，「對別人過分客氣」的危害。第一，過分客氣的人很容易被別人輕視。第二，過分客氣的人很難與人建立持久且深入的關係。第三，過分客氣的人會讓自己活得很累。

接下來，我們就從心理學的角度，去探尋「對誰都過分客氣」的背後原因。

第一個原因是安全感的缺乏。安全感最初來自於父母對孩子無條件的關愛。長期缺乏安全感的人，長大就很容易過分對別人客氣，努力討好別人。之所以這麼做，目的就是希望別人以同樣的方式對待自己，替自己營造一個相對安全的社交環境。

另一個原因，則是有一顆自卑的心。一個自卑的人，總認為沒有人會無條件地喜歡自己。自卑的人認為所有的喜歡都是有條件的，所以會對別人特別客氣。他們相信，如果自己對別人不夠客氣，那麼他們就不會喜歡自己。那麼，如何才能改掉自己無論對誰都過分客氣的毛病呢？

第一，溫柔且堅定地守住自己的界限。

有一次在課堂上，我剛講完如何選課的事項，下課後就有學生追過來問我同樣的問題。以前我會馬上再跟學生重複說明，但這次我忽然意識到，這種機械式的重複回答，並不會對學生的成長有幫助，還會助長學生的惰性。

於是我沒有直接回答，而是告訴學生這個問題我剛剛已經講過，不想再重複一遍。如果有疑問，可以到網站上去查相關的規定，自己去找答案。

那個學生有點不爽，質問我說：「老師，為什麼你不直接跟我說答案呢？」

我鼓起勇氣對學生說：「請不要把你課堂上漫不經心聽講所造成的後果，強加到我的頭上，希望你也尊重我的時間和勞動。」對我這種內向敏感的人來說，說出這番話是需要勇氣的。坦白說，說完這話後我也開始有些惴惴不安，雖然我知道自己守住了界限，但還是擔心會傷了學生的心。

後來，我收到學生傳的訊息：「老師，雖然您當時拒絕告訴我問題的答案，讓我感覺很難過。但我後來忽然覺得，您不告訴我答案要比直接告訴我效果更好，因為這讓我認識到，今後在聽課的時候應該更加用心。」

第二，更經常展現自己真實的一面。

有次我去參加一場培訓，在課堂討論環節中，我和來自不同學校的老師分到同一組。其中一位男老師對每個人都表現出超乎尋常的客氣，讓每個人莫名地產生了距離感。

後來，除了這位男老師之外，小組的其他成員都成了好朋友。其他人都覺得，和這位男老師打交道很容易感覺拘束。

很多人表現得特別客氣，是因為不敢展現自己真實的一面，擔心一旦展現出最真實的一面，就不再受到別人的喜歡。然而，事實並非如此。一個真正喜歡你的人，反而會因為你的過分客氣而感到疏離；一個不喜歡你的人，也不會因為你的客氣而喜歡上你。

我始終認為，真性情會比過分客氣要來得更受歡迎。更重要的是，以真性情待人，這樣活著才不累。

使命感：為什麼有些人在工作中會自帶光環

最近朋友聚會時，正在考駕照的老王興致勃勃地談起了他的駕訓班教練，而且讚不絕口。

據老王說，他的駕訓班教練可不一般。不但擁有賽車的駕照，對待學員很有耐心，而且還有自己的獨特的一套教學理念。不過我承認，當老王說這些話的時候，我其實是漫不經心地聽著，直到老王說到：「我的駕訓班教練，他的人生使命是幫助更多人學會安全駕駛，為交通文明貢獻自己的一份力量。」

「什麼？人生使命？」當我聽到這四個字時，整個人瞬間被啟動了。在研究正向心理學的過程中，我對「人生使命」的概念並不陌生。但是在現實生活中，當我聽到一位駕訓班教練說出自己的人生使命時，還是感覺挺震撼的。

而且這名教練並不是空談，透過老王的描述我能感覺到，他一直都在努力實踐自己的人生使命。因為使命感的存在，他在培訓學員時不光教導學員考試科目，還會傳授自己二十多年來累積的實用駕駛技巧與經驗。

為了告誡學員在開車時不要和別人賭氣，幫助學員避免「路怒症」，他甚至發明了一套貓狗理論。所謂貓狗理論，是指那些不按交通規則開車的人，就像是貓狗一樣到處亂竄。既然貓狗不懂人類的規則，何必要和牠們大動肝火、斤斤計較？

根據貓狗理論，這位教練告誡學員們：「不要和不守交通規則的人生氣，把他們當成是貓狗就好，否則一旦上火氣就很容易引發交通事故，最終傷害的還是自己。」怎麼樣，說得很有道理吧？因為使命感的存在，他並不像其他教練一樣，盡可能多去帶學員，追求速成賺更多獎金。

他反而會控制自己帶班的人數，保證每一位學員在離開駕訓班的時候，不光能夠拿到駕照，還能真正掌握安全駕駛的技術。他教過的學員都對他讚不絕口，在駕訓班的網站評論區，這位教練的人氣爆棚，好評如潮，甚至有人賦詩讚美他。

俗話說得好，沒有比較，就沒有傷害。之前我考駕照時，教練的脾氣暴躁，坐在車上的學員大氣都不敢吭一聲，學起來戰戰兢兢，就怕犯錯挨批。

開車本來就要膽大心細，每個人都被教練罵得狗血淋頭，反而更不敢開車了，甚至一摸方向盤就頻頻出錯。本來大家是開開心心來學駕駛技術的，最後竟得了「開車恐懼症」。這還不夠，教我的那位教練在罵完學員之後，甚至開始抱怨駕訓班工作太苦太累，還會罵社會不公平。罵完之後，他還會再說幾句固定的話收尾：「罵歸罵，不過還能怎麼辦呢？還能不賺錢嗎？混一天算一天吧。」

同樣的一份工作，為什麼我的教練彷彿飽受摧殘，而老王的教練卻自帶光環？我想答案全在於——**使命感**。

在《真實的幸福》一書中，塞利格曼教授講了一個關於有使命感的醫院清潔工的故事。有一次，塞利格曼去探望病危的老友，碰巧看到一個認真往牆上掛畫的人。塞利格曼問他：「請問您是做什麼工作的？」

掛畫的人回答：「我是這個樓層的管理員，負責這些病人的健康。我必須確保在他們醒來的時候，一眼就能看到為他們精心準備的美麗圖片，讓他們有個好心情，這樣有助於他們病情的康復。」

沒錯，這個人並沒有把自己界定成一個為病人倒便盆、倒開水的醫院清潔工，而是把自己界定成病人的健康管理員。

你可以想像，這位清潔工肯定是個自帶光環的人，他會更認真、更有耐心地去做好自己的工作。因為他的身上帶著一種使命感——促進病人的健康。

一位來自美國紐約大學的教授，針對二十八位醫院清潔工進行一項追蹤研究。研究發現，那些帶有使命感（自己的工作可以促進病人健康）的清潔工，在工作中會充滿幹勁，並呈現出更加積極的狀態。他們會主動增加自己的工作內容，讓工作更加有效率，並且能夠主動預見醫生和護士的需求，努力配合他們做好病人的醫護工作。

使命感為什麼會具有如此神奇的作用？說白了，其實使命感就是在為我們所做的事情賦予意義。一旦我們了解做一件事情的意義是什麼，那麼在做這件事情時，就會變得更具有韌性和動力。

尼采曾說：「知道為什麼而活的人，什麼樣的苦難都能夠忍受。」透過這些案例，也許你會發現，自己不一定非要從事多麼高尚的工作，才有資格去談像使命感這種看起來高大上[6]的東西。無論是醫院清潔工，還是駕訓班教練，都可以在工作中找到自己的使命感，讓自己閃閃發光。

看到這裡，也許你會問：「**有沒有什麼可靠的方法，能夠幫助自己去尋找具有使命感的工作呢？**」

在《更快樂：哈佛最受歡迎的一堂課》（*Happier: Learn the Secrets to Daily Joy and Lasting Fulfillment*）一書中，原哈佛大學幸福課講師塔爾・班夏哈（Tal Ben-Shahar）提出，使用MPS思考法，可以幫助你找到一份具有使命感，同時又讓你願意長期從事的工作。

其中M代表意義（Meaning），P代表快樂（Pleasure），S代表優勢（Strength）。你只需要：第一，思考哪些事能夠帶給你意義，然後把這些事情都列出來。第二，思考哪些事能為你帶來快樂，把它們列出來。第三，思考你在哪些方面有優勢，把它們列出來。最後，請在這三個選項當中尋找交集。

我們在前文中曾提到，使命感其實就是為正在做的事賦予「意義」。但是一份可以讓你終生都想從事的工作，光憑意義還是不夠，你還需要加入快樂和優勢兩個元素。唯有如此，你才能把那份具有使命感的工作，做得長長久久。

假如用前面提到的駕訓班教練來舉例，他感覺當駕訓班的教練很有意義（能夠為文明交通貢獻自己的一份力量）。同時，駕駛汽車是他的優勢（他擁有賽車駕照）。甚至，他也能從教別人開車的過程中得到快樂（樂意與學員交流並獲得成就感）。所以最後，他聽從了使命感的召喚，成為一名深受學員歡迎的駕訓班教練。

親愛的讀者朋友，你的使命感來自哪裡呢？

---

6 高大上：高端大氣上檔次的縮寫，源自於電視劇《武林外傳》與電影《甲方乙方》的台詞。

鈍感力：反應「遲鈍」也是一項能力

我是一個生性敏感的人，感情比較細膩。和別人相比，一件小事往往會在我的心裡停留更久，因此我很容易因為一些小事感到焦慮。

雖然我也知道個性沒有好壞之分，任何個性都有自己獨特的閃光點。例如，個性敏感的人往往在察言觀色、文學創作方面更具優勢。只不過這類型的人也容易活得很累，身體會因為情緒因素，經常出現各式各樣的小毛病，抗壓力也會比較差。

那麼，作為一個個性敏感之人，如何才能活出更加幸福的自己呢？當我讀完渡邊淳一寫的《鈍感力》（*The Power of Insensitivity*）之後，我的心中有了答案，那就是「鈍感力」三個字。那麼，究竟什麼是鈍感力呢？

「鈍感」是「敏感」的反義詞。所謂鈍感力，就是指一個人在遇到不好的事情時，反應沒有那麼強烈，甚至顯得有些反應遲鈍的能力。

乍看之下，你會覺得鈍感力的概念有點荒謬，因為就大多數的情況下而言，反應遲鈍是一種貶義詞。但若是認真思考，你就會覺得鈍感力其實是一項非常難能可貴的能力。接下來，我們要分別從職場、親密關係、身體健康三個方向探討，鈍感力對於生活具有哪些積極作用。

1. 為了在職場上混得更好，我們應該具備鈍感力

我的一位朋友萬強最近辭職了，聽到這個消息我挺吃驚的，因為萬強原本在一家非常不錯的事業單位，工作穩定，收入也不錯。最重要的是，他經常以自己的工作為榮。那麼，他為什麼說辭就辭了呢？

原來萬強剛換了一個主管，這名主管對下屬的要求比較嚴格。剛上任不久，這名主管就開始檢查員工的出勤，結果萬強正好在檢查那天遲到了，被主管逮了個正著。

新官上任三把火，主管不講任何情面，當眾批評了萬強。萬強可是單位的老員工，他的自尊心又強，當場就和主管拍起了桌子。主管為了樹立威信，便威脅萬強說：「不想幹就走人。」就像電視劇中常見的劇情，萬強也被激起了脾氣，一怒之下說出：「走就走，誰怕誰！」

後來萬強真的辭職了，不過他卻遲遲沒有找到合適的工作，在家閒了好幾個月。我去找他的時候，他看起來有些頹廢，提不起任何精神。

萬強跟我說：「想想自己也真夠傻的，那天早上主管當眾批評了好幾個人，就我反應最激動，最後也只有我一個人辭職。如果當時能把主管的話當成耳邊風，現在就不會淪落到這番田地了。」

萬強說得對，人在職場上打拚，被批評是件非常稀鬆平常的事。面對主管的批評，如果

能多有一點鈍感力，不要反應那麼激動，這件事很快就會過去。假如對主管的批評耿耿於懷，導致影響做事的狀態和效率，就會為自己增加很多不必要的壓力。

有時候，鈍感力就是指臉皮要厚一點，別太把他人的負面評價放在心上。

2. 為了讓愛情更加甜蜜，我們應該具備鈍感力

我的朋友佳一是個大齡男青年，他經常在下班之後找我聊天。有一次他在感情上碰了壁，請我幫忙分析原因。

原來佳一想要追求一個女孩，追求了很久之後，女孩終於答應和他一起共進晚餐。在享用晚餐時，一開始兩個人聊得還不錯，接著佳一講到自己過去出糗的一段經歷，把女孩逗得哈哈大笑。

女孩只是順口說了一句：「你太笨了，哈哈。」聽到這句話，佳一馬上變得敏感起來，他迅速收起臉上的笑容，一本正經地問：「為什麼妳要說我笨呢？妳沒有發現我是在故意自嘲嗎？況且，身邊的人都說我是一個很理性、很聰明的人。」

看到佳一變得嚴肅，女孩也收起了燦爛的笑容說：「我只是說你在那件事情上的表現有點笨，但我並不是表示你這個人很笨啊。」佳一有點急了，努力辯解說：「在那件事情上也不是因為我笨，而是在當時的情境下，我只能那樣做……。」

後來那次約會變成一場糟糕的辯論賽，兩人不歡而散。這真的是一場非常失敗的約會，而失敗最主要的原因，就是佳一缺乏鈍感力。他對女孩隨口的一句「你太笨了」表現得太過敏感，反應也有些過激。其實當一個女孩說一個男孩「笨」、「天然呆」的時候，往往帶有喜歡和欣賞的意味。

兩個人相處的時候，經常會因為一言不合而和對方吵起來，或是擔心另一半會出軌，而想要檢查另一半的手機，這些都是缺乏鈍感力的表現。但這種過於敏感的表現，只會加速一段感情的分崩離析。有時候，鈍感力就是指不要那麼敏感，對另一半多一些包容和理解，這才是美好愛情的題中之意。

3. 為了讓身體更健康，我們應該具備鈍感力

作為一個敏感之人，我深知過於敏感的個性對身體健康的危害。例如，稍微有點心事，在該吃飯的時候就沒什麼食欲；稍微有些壓力，就容易睡得不好，甚至失眠。環顧周遭那些吃得香、睡得好的人，往往都是鈍感力較強的人，他們的身體也往往較為健康。

中醫有條養生祕訣：「**心定則氣順，氣順則血暢，氣順血暢則百病消**。」敏感的人很容易產生緊張、焦慮、煩躁、憤怒等消極情緒，這些消極情緒會擾亂人們內心的平靜，導致氣不順、血不暢，生病的機率也就大大提升。

一項醫學研究發現，導致胃潰瘍的重要原因，就是精神上遭受長久壓力。對於這一點，我非常認同。在我剛開始工作的時候，也很容易感到焦慮，或是擔心自己的表現得不到主管的認可。記得在那個時期，我的胃也經常出問題。

然而，自從我增強自己的鈍感力以後，就很少再為了小事感到內心糾結，與此同時，我也很少再因為情緒而生病。

有時候，鈍感力是指不要把一些小事放在心上，因為這樣會損害身體健康。中國有句古語說：「難得糊塗」，其實和鈍感力有著異曲同工之妙。

放下那顆過於敏感的心吧，有時候臉皮厚一點，對另外一半寬容一點，不要太為小事糾結，其實是一件好事。願我們在今後的生活中，都能夠多一點鈍感力。

行動力：化解焦慮最有效的方法

記得二〇〇七年我在讀大三的時候，經過長時間的準備，終於如願以償地考過了英語六級考試，但是等著我的卻是一個好消息和一個壞消息。

好消息是，我以較高的分數通過了英語六級；壞消息是，當我拿到六級證書後，卻發現證書上的個人資訊竟然有誤……身份證號碼錯了一個字。

我仔細回想，肯定是在填寫報名資訊時沒有仔細核對，一時粗心才會犯下這種低級失誤，我簡直無法原諒自己。

於是考過六級考試的興奮感瞬間褪去，我開始陷入無窮無盡的焦慮中：「萬一將來求職的時候，人資單位需要我出示六級證書，卻發現資訊有誤，進而懷疑證書的真實性，該怎麼辦？」「如果重新考試，無法考出一樣高的分數，又該怎麼辦？」

我開始為「六級證書上個人資訊有誤」而頻頻感到焦慮。在之後的日子裡，無論發生多麼開心的事，只要一想起六級證書出錯這件事，我就會立即陷入憂慮之中無法自拔。

我知道，打開這個心結、化解焦慮的最佳方式，就是重新再考一次六級考試，不過當時的我始終沒有鼓起勇氣行動。這件事困擾我許久，一直到讀研究所二年級的時候，才終於下定決心重新考一次英語六級。

我大概花了一個月的時間準備，在那段時間裡，天天躲在圖書館裡認真做題目、整理訂正、總結考試方法，然後掐著時間進行模擬考。最終，我以近六百分的好成績考過英語六級，比第一次考過的分數還要高。更重要的是，我再也不用為六級證書感到焦慮了。

事後我仔細回想，如果當時能早點下定決心、馬上行動，就不用為六級證書的事情擔憂好幾年了。

當我研究生畢業開始找工作的時候，人資單位需要提供六級證書的影本，我便相當有自信地提交重新考到的六級證書。

回到二〇〇八年，在我即將大學畢業的前幾天，我的叔叔告訴我，有「博士老爹」之稱的蔡笑晚先生創辦了一個教育機構最近正在招人，叔叔建議我去試一試。

蔡先生是國內知名的家庭教育專家，之所以有博士老爹的稱呼，是因為他培育的六個孩子中，有五個都被美國知名大學錄取為博士生。在教育孩子方面，他有一套自己獨到的方法。

我匆匆忙忙地投了簡歷，並沒有抱太大的期望。沒想到，第二天我就收到蔡老師親自打來的電話。蔡老師在電話裡說：「我看了你的簡歷感覺不錯，明天上午我們準備和你進行面試，希望你能過來一趟。」

幸福來得太突然，我在電話中只是一個勁地回「嗯，好的，謝謝您能考慮我」之類的話。直到掛了電話我才想起，自己人在山東，而蔡老師在上海。明天上午就要趕到，這簡直就是不可能的任務。

於是我隨即陷入了瘋狂的焦慮之中。我的焦慮主要來自三個方面：首先，我馬上就要畢業，還有很多離校手續沒有辦完。該怎麼辦？其次，萬一買不到明天去上海的火車票該怎麼辦？（二〇〇八年的時候，買火車票還不像現在這麼方便，當時還無法隨時線上查詢和購票。況且如果不提早預訂，很容易買不到票。）最後，萬一我去了上海面試沒通過，豈不是白白浪費了時間、精力和金錢？

即便感覺非常焦慮，但是心底有個聲音不斷跟我說：「你不能放棄這麼好的機會，你一定要想辦法準時參加這次面試。」

接下來，我開始用行動化解焦慮。我先到火車站購票，前往上海的坐票沒有了只剩站票，雖然全程夜車將近十二個小時，我也絲毫沒有猶豫，馬上買了火車票。

之後我回到學校，簡單地收拾了一下行李，把需要辦理的畢業離校手續，交代給身邊的好友幫忙辦理，就匆忙踏上去上海的火車。

經過十幾個小時的顛簸，我終於來到了上海。由於我一夜都未闔眼，對上海人生地不熟，再加上在公車上一不小心睡著坐過了站，因此走了不少的冤枉路。幸好我終於在約定的時間之前，抵達蔡老師創辦的教育機構，並且見到和藹可親的蔡老師。他看見我略顯疲憊的神態和充滿血絲的雙眼，問我是怎麼過來的，我就把這段經歷簡單帶過。

蔡老師說：「你身上有一股不怕吃苦的精神，就憑這一點我準備錄用你。至於你的專業知識怎麼樣，我們以後可以再培養。不過看過你的簡歷，應該不會太差。」

晚上，蔡老師邀請我到他家吃飯，還為我安排了住處。後來，我成了這間教育培訓機構的第一個正式老師，並且一直持續到我去念研究所。

我是一個感情細膩，容易因為一點小事而感到焦慮的人。在長期與焦慮抗爭的過程中，我慢慢悟出一個道理——**行動，是化解焦慮的絕佳方法之一**。

在遇到令人感到焦慮的事情時，我們往往會情不自禁地胡思亂想。在心理學上，將這樣反覆思考同樣一件事情，而且無法從焦慮情緒中走出來的情形，稱為「思維反芻」。

「反芻」原指牛、羊、馬這一類動物，在進食一段時間後，將半消化的食物從胃裡倒流回口腔再次咀嚼。當人們感到焦慮的時候，也很容易把先前擔憂的事情，從大腦中提取出來再思考一遍。剛開始，我們會因為某件具體的事情感到焦慮。到後來會演變成因為無法停止焦慮，而感到焦慮。

打破這種惡性循環的關鍵，就是果斷採取行動。請記住，事情往往會越想越大，但是卻

會越做越小。

有時候，我很容易因為隔天要處理的事，在晚上感到焦慮。可是當第二天真的開始動手去做的時候，才發現事情往往沒有想像的那麼複雜麻煩。做著做著，焦慮情緒就慢慢化解掉了。

讀研究生的時候，我曾為寫畢業論文而十分焦慮。後來在蒐集完資料後，我下定決心每天都寫一千字。緊接著，我用了不到兩個月的時間，就把畢業論文寫完了。一旦開始行動，焦慮就會悻悻然地退下去了。

當你遇到煩心事的時候，也許會面臨兩種選擇。

第一種選擇，不停地思考該如何去解決，考慮各方面的利弊、考慮是否要逃避。當發現無法逃避的時候，你必須告訴自己不要有太大的壓力，並且不斷為自己加油打氣。然後過了一段時間，你才鼓起勇氣去做這件事。

第二種選擇，**「Just do it」立即去做**。親愛的你，會如何選擇呢？

抗壓力：我選擇和壓力做朋友到最後

在即將過完的暑假裡，我幾乎一天都沒有休息。很多時候，我常感覺壓力大到無法呼吸。由於太過繁忙，又不想把自己累垮，所以我已經有一個多星期沒有寫新的訂閱號文章了。

在過去的一個多月裡，我同時進行很多件事情。例如解答學生在暑假遇到的各種問題、完成一本書稿的整理、撰寫兩篇學術論文、完成一本學術書籍中的兩章內容等等。

此外，我還要按計劃讀書和寫訂閱號文章。實際上，撰寫這篇文章的同時，我正坐在機場的候機大廳裡，馬上要去深圳參加中國國際正向心理學大會。由於我要在分論壇上進行一場演說，所以還必須見縫插針地熟記講稿。

對我來說，上述每件事都很重要。為了保證各項事情都能順利完成，我制訂了非常精細的月計畫、周計畫，甚至日計畫。只要事項沒有按照相對應的計畫完成，我就會感覺格外焦慮。無論是假期臨時的探訪親友，還是身體稍有不適，我的反應都是：「這件事會不會耽誤工作和學習進度？」

大致上來說，這段時間我的心情非常壓抑。每天早上醒來都心事重重，因為我不得不耐著性子去做很多看似枯燥的事。例如，一遍又一遍地讀亞里斯多德的《尼各馬可倫理學》，探究在亞里斯多德的眼中，幸福到底是什麼樣子，因為這和我接下來的博士論文選題方向有著許多關聯。

即便我知道這條路是自己選擇的，怪不了任何人，但是在感覺壓力特別大的時候，我還是會想要逃避。

有一天，我忽然想到一個問題：「假如現在的壓力都沒了，我會做些什麼？我真的會因此而感到開心嗎？」

我猜沒有意志力的監控，我會「葛優躺」，然後拚命地玩手機或是看電影。放鬆完之後，也許我會有興致去讀一些感興趣的書，反正沒有明確的目標限制，我便不需要去用所謂的高效讀書方法，有可能會拖拖拉拉，很長一段時間都讀不完一本書，甚至邊讀邊玩手機。由於沒有任何壓力和挑戰，我極有可能會陷入長時間的空虛。

我曾有過一年的失眠經歷，在那一年當中，我不是因為人生過得太過艱難失眠，而是因為人生過得太過容易失眠。因為太過容易而迷失了自己，找不到活在這個世界上的真正意義。講真的，那種毫無壓力且無比空虛的精神生活，我再也不想體會了。

這兩天我和一位老師聊天，她聊到自己的女兒剛從名牌大學畢業，進入一家世界五百強公司工作。女兒很拚，當然也很累，身為媽媽肯定會心疼女兒在工作上所承受的壓力。不過她的女兒卻看得很開，認為**壓力都是自己選擇的，只想要上進，就會有壓力**。

漸漸的我也看清了一個事實，如果你想追求上進，就注定要不斷地走出自己的舒適圈，然後一定會感受到源源不絕的壓力。也就是說，如果你選擇了一種奮鬥式的人生，就必定要和壓力做朋友到最後。

美國心理學專家凱莉・麥高尼格（Kelly McGonigal）曾經寫了一本超級暢銷書《輕鬆駕馭意志力：史丹佛大學最受歡迎的心理素質課》（*The Willpower Instinct: How Self-Control Works, Why It Matters, and What You Can Do To Get More of It*）。

她的另外一本著作《輕鬆駕馭壓力：史丹佛大學最受歡迎的心理成長課》（*The Upside of Stress: Why Stress Is Good for You, and How to Get Good at It*）也是一本很棒的書，但似乎有點受到世人的冷落。

《輕鬆駕馭壓力》提出的核心觀點是，壓力其實是一件好事情。壓力可以挖掘出我們的潛力，激發出鬥志，讓我們變得更加強大。而逃避壓力，往往會產生許多消極後果。就如同心理學者理查德・萊恩（Richard Ryan）所說：「**越想得到最多愉悅感和逃避壓力的人，越有可能失去生命的深度、意義和人心**。」

看到這裡也許有些人會說：「任何事情都是過猶不及的，即使壓力是一件好事，倘若給自己太大的壓力，好事情也會變成壞事情。」

我當然明白這個道理，在心理學上有個著名的「壓力倒U型曲線」，說的就是同樣一件事。也就是說，當一個人的壓力過小或是過大時，都不利於做出最佳的成績。**只有在壓力適中的時候，人們才容易表現出神勇的狀態**。

那麼問題來了，該怎麼做才能保持壓力適中的狀態呢？對我來說，現在有工作、讀博士、寫作三座大山擋在面前，每一個選項都很重要，不想放棄任何一個，那麼我該怎麼辦？

最近在和好友袁老師的一次談話中，獲得了很大的啟發。他跟我說：「這三件事情你可以一件都不放棄，但是你必須懂得把握重點，並且允許自己在一些不重要的事情上表現得不夠完美。」然後他為我舉了前騰訊副總裁吳軍的例子。

了解吳軍的人都知道，他不僅擔任公司的高階主管，而且還出版了暢銷書籍《數學之美》、《浪潮之巔》和《文明之光》等等。他還是攝影發燒友，攝影技術已經達到了專業級。此外，他也是旅遊愛好者，工作之餘會去周遊世界。

有人問吳軍，為什麼他可以在超級繁忙的工作之餘，同時完成如此多的事情？吳軍的回答很簡單，那就是：「**每天先把要做的事情排序，然後就從最重要的事情開始做起，做到哪一件事情就算哪一件事情**。」因為剩下未完成的事情，重要性都比不上已經完成的事情，所以那些做不完的事，他就會乾脆選擇放棄。

這不就是高效能人士的七個習慣中，「要事第一」的法則嗎？太陽底下根本沒有什麼新鮮事，即便這些道理之前自己也都懂，而且都在文章中提過，但是事情一多、壓力一大，反而容易忘記這些樸素的道理。

其實寫這篇文章的目的，也是為了再次提醒自己記住這個道理。既然選擇和壓力做朋友到最後，就一定要專注去做最重要的事情，千萬不要讓不重要的事情繼續耗費精力。

最後，簡單總結一下這篇文章的核心重點吧。

第一，如果你選擇上進，那麼必然就會承受壓力；如果選擇逃避，只會讓你喪失成長的機遇，或是陷入精神上的空虛。

第二，當你壓力太大的時候，應該依照重要性排序要做的事情，然後從最重要的事開始做。那些沒時間完成的事情，大可以選擇放棄。

來，為了讓自己變得更加優秀，讓我們和壓力交個朋友吧。

休閒力：會玩的人才會更加成功

不知道你是否有著和我類似的體驗？工作的時候特別渴望假期的到來，但是當假期真正到來的時候，卻又不知道該如何打發閒暇時間。

叔本華曾說：「人的一生就像是一個鐘擺，欲望得不到滿足就痛苦，欲望得到滿足就無聊。人就是在痛苦與無聊之間搖擺。」我覺得一個不懂得如何打發休閒時間的人，便很容易在痛苦和無聊之間搖擺。

長久以來，我都在尋找一門教人如何放鬆休閒的學問，因為我覺得自己是一個不懂休閒的人，滿腦子都是如何提高工作和學習效率，很容易感到疲憊，活得也很無趣。

後來我讀了大前研一的《ＯＦＦ學：愈會玩，工作愈成功》，覺得非常受用。大前研一曾擔任麥肯錫的高階主管，在工作初期是一個十足的工作狂，後來健康出了問題之後，開始領悟到休閒的重要性。於是他開始探索各種有益的休閒方式，並且將其上升到了方法論層面。

憑藉著自己創立的休閒方法系統，他激發出源源不絕的活力，生活過得精彩無比，正如他在書中所說：「在公認競爭異常激烈的麥肯錫，我工作了二十三年。但是在那段時間當中，我享受音樂、運動、假期的方式，跟現在並無二致。」

接下來，我們將透過四條原則，來學習大前研一的休閒哲學。

保持充實休閒生活的第一條原則──制訂休閒計畫

大多數人都認為，只有在工作和學習時才需要制訂計畫，實際上，休閒也一樣需要計畫。在經歷了若干個混沌度過的假期之後，我的腦海浮現出一句話：「**沒有被計畫的一天，註定是被浪費的一天。**」

正是因為缺少充分的計畫，很多人會選擇週末窩在沙發上刷朋友圈、玩手機遊戲，抑或是毫無目的地逛街、看幾集綜藝節目，或是乾脆補眠，一整天都過得昏昏沉沉。但這樣的週末，過得毫無品質。

在《OFF學》中提到，大前研一主張要學會制訂休閒的年計畫和月計畫。所謂休閒年計畫，主要是指針對較長的假期所安排的旅遊休假計畫。例如，今年準備到哪個旅遊景點去玩，這些都需要在年初就規劃好。不要覺得這是一件非常奢侈的事情，一支新款iPhone的價格，足夠你去一趟日本或泰國。

而所謂休閒月計畫，主要是指以月為單位，決定每個週末的休閒活動。例如，這一週跟車友一起騎單車去旅遊，第二週跟音樂愛好者一起練習單簧管，第三週去做泰式按摩放鬆身心等等。

大前研一提出一個重要的休閒理念：「**與其多次反覆淺嘗輒止，不如少次充分享受，這也是充實休閒生活的秘訣之一。**」比方說，你是把錢零散地花在沒多少營養的零食上，還是有計劃地把錢存起來，去看一場自己期待已久的演唱會？如果把錢花在後者，相信你會始終保持對生活的期待與激情。

保持充實休閒生活的第二條原則——合理分配週末時間

從周日的下午開始，你是否經常會感覺心情有些沉重呢？因為這時你會想到休閒的時光馬上就要結束，週一的工作馬上就要來臨。有人將這個現象稱為「星期一憂鬱症候群」。

說實話，我也經常有這種感覺，不過如果能夠合理分配週末的時間，就能夠擊退星期一憂鬱症。所謂合理分配週末時間，就是要掌握良好的休閒節奏，例如星期五晚上慢跑，星期六進行體力活動，星期天放鬆休息。

實際上，週末是從星期五晚上開始。然而需要特別注意的是，星期五晚上不宜安排特別刺激興奮的活動，尤其是需要熬夜的休閒活動。假如星期五晚上缺乏節制，隔天就很容易賴床晚起，導致寶貴的星期六也白白浪費掉。

星期六最好安排體力型的休閒活動。例如去公園玩、爬山等等。我一般會安排在星期六去爬離家不遠的佘山，縱使爬得很累，也可以在隔天恢復體力。

星期天最好不要安排體力型的休閒活動，應該以放鬆休閒為主。理髮、散步、在家看書等等，都是不錯的選擇。

星期天用過晚餐後，應該開始為星期一做準備。提前計畫下一週的工作，這樣星期一就不會顯得過分慌張。需要注意的是，星期天晚上最好不要做太多實際工作，只要制訂下週的計畫就好，否則一旦大腦過度興奮，就會影響晚上的睡眠。

保持充實休閒生活的第三條原則——養成固定的休閒習慣

你是否曾有過下列情況？週末到了感覺想做很多事情，不過卻不斷猶豫、拖拖拉拉，最終一件事情都沒有做成。或是週末想要外出用餐，卻在商場裡逛了半天，遲遲無法決定要到哪家餐廳用餐。

在《ＯＦＦ學》當中，大前研一提到他所堅持的固定休閒習慣。例如在週末時，他會去固定的公園散步；要是碰到下雨天，他會整理自己之前拍過的照片、影片，或是將喜歡的音樂燒錄成ＣＤ等等。

在大前研一的記事本中，通常會有幾家自己最喜歡的餐廳名單。這樣他就不需要在每次用餐前，耗費腦細胞苦思要去哪一家餐廳吃飯了。當然，整理出自己最喜歡的餐廳名單也需要花費一番功夫，大前研一有個機率概論是：「平均造訪五家餐廳，才能找出一家自己特別鐘意的餐廳。」

此外，大前研一還會去固定的餐館吃壽司，去固定的咖啡館思考人生，這樣就可以節省大量的選擇時間，把更多時間用在真正的休閒上。

保持充實休閒生活的第四條原則——結交圈外的朋友

大前研一主張，人們應該利用下班時間，結交工作以外的朋友。因為如果總是和同事一起打發休閒時間，由於彼此之間存在著微妙的競爭關係，有時會很難說出自己內心的真實想法，很難聊得盡興。

大前研一說：「我是一個擁有多重興趣的人，而我基於興趣所結交的朋友，都沒有工作上的關係。以騎越野摩托車為例，我的車友有建築業的專業人士、送報員、壽司師傅等等，來自各個不同領域的人士，幾乎沒有上班族……。因此，每個人都可以坦誠地表達自我，建立沒有利害關係的友誼。」

對我而言，每次去參加心理學的會議或培訓，除了了解先端的資訊與知識外，另外一個重要的目的，就是結識新的朋友。有好幾次，我都會和新認識的朋友暢聊到淩晨，短短幾天內便締結了深厚的友誼，之後還會繼續保持聯繫，互相勉勵。

我想這其中很重要的原因，就是沒有利害關係的束縛，大家更容易袒露心扉，彼此交心。所以說如果有機會的話，我們應該努力結交一些工作之外的朋友，這樣不僅可以玩得更加盡興，心情也會更舒暢。

無論是誰，其實都應該學習休閒的學問，不僅可以使自己充分放鬆，還能夠使人生變得更加有趣。

幸福力：你過得那麼輕鬆，難怪會活得很喪

對於像我這種思想相對保守的八五後[7]來說，通常在生活中很避諱提起「喪」這個字，因為覺得晦氣、不太吉利。

但最近在和學生聊天的時候，經常會聽他們說到感覺自己最近過得很「喪」。所以我特別去研究了一下，發現**所謂活得很「喪」，就是對生活沒什麼激情，心情處於低落的狀態，並且對任何事都很難提起真正的興趣**。

後來我聽學生說，上海開了一家喪茶店，而且人氣還很旺，生意甚至比前一段時間流行的喜茶店還要紅火。這家店的口號是：「享受生活中的小確喪。」當紅產品是碌碌無為紅茶、浪費生命綠茶、混吃等死奶綠等等。

其實，偶爾允許自己活得有點「喪」，有助於一個人從情緒低潮中走出來。因為從心理學的角度來看，人的情緒都有高潮和低谷。當人的情緒處於低谷時，接納這種低落的情緒，有利於讓正向情緒恢復得更快。

當一個人心情低落的時候，如果硬要裝出開心、雞血滿滿的樣子，或是表現得表裡不

7　八五後：網路新興用語，指一九八五年後出生的人。

一，反而會導致長時間的心理壓抑。所以有時候，我們可以把「喪」文化的流行，看成是一個人在情緒低落期所做的一種自我救贖。

例如，在最近三個星期裡，我就感覺自己活得很「喪」。因為我的身體開始連續出現問題，先後經歷了重感冒、牙痛、再次感冒的痛苦之旅。

即使博士論文開題、工作上的一大堆事情都等著我完成，但是身體卻無法提供足夠的精力去做這些事，稍微多忙一下子就會感覺頭疼。雖然心裡很著急，但是各項任務的進度卻像蝸牛一樣緩慢。而我此時能做的，其實就是接納生病的現實，接納低效的工作狀態，否則只會讓事情變得更加糟糕。

只不過問題在於，**假如一個人短時間內活得有點「喪」是沒什麼問題，但若是長時間都沉溺於很「喪」的狀態，那麼就要特別注意了。**

我的一個來訪者跟我說，自從進入大學以來，她覺得自己一直活得很「喪」。她對未來感覺很迷茫，但又不想活得太累。生活當中唯一能夠為她帶來樂趣的事，就是和朋友一起出去享受美食，或者是躺在床上玩一天遊戲。

然而，一旦停止享受美食、停止玩遊戲，她馬上就會感覺對任何事情都提不起興趣，瞬間覺得自己活得很「喪」。

像這種活得很「喪」的感覺，其實是由於生活太過安逸，生命中缺乏必要的挑戰所導

致。這一類人往往喜歡逃避現實，認為努力等同於痛苦，認為感官愉悅等同於幸福，最終在過於舒適的生活中迷失了自我。

在讀研究生時，我曾經用一年的時間，徹底感受到什麼叫作精神世界的空虛。在那一年由於學校基本沒有什麼課，也沒有什麼人管，我經常窩在寢室裡，怎麼舒服就怎麼做。大多數的時間我都漫無目的地流覽各個網頁，很少靜下心讀書，也很少做挑戰自己的事。

然而，這種過於舒適的生活並沒有把我引向持久的快樂，反而把我推向了抑鬱的邊緣，我開始經常性的失眠。

最近這幾年我活得很累過得也很辛苦，每天都有忙不完的事情。即便是如此，我依然覺得這樣的生活要比當年過於輕鬆的生活要好得多。至少，辛苦的生活讓我感覺活得很踏實。正如《生命中不能承受之輕》所說：「**也許最沉重的負擔同時也是一種生活最為充實的象徵，負擔越沉，我們的生活也就越貼近大地，越趨近真切和實在。**」

這讓我想起了在《沉重的肉身》書中，所讀到的一則古希臘故事。故事的男主角赫拉克勒斯在十字路口遇到了兩個女人，一個女人叫卡吉婭，另一個女人叫阿蕾特。卡吉婭長得豐滿性感，一副懂得享受生活的樣子；阿蕾特則長得質樸溫婉，透著一股靈氣。兩個人有一個共同點，她們都想贏得赫拉克勒斯的愛慕。

卡吉婭搶先一步對赫拉克勒斯說：「跟我走吧，我會帶你過上安逸而又輕鬆的生活，你會嘗到各式各樣的快樂，不會受一丁點的苦。」

只見阿蕾特站在一旁，怯生生地對赫拉克勒斯說：「人世間一切美好的事物，沒有一樣是不需要辛苦努力就可以得到的。和我在一起你會過得很辛苦，但是你能得到人生中最美好的東西。卡吉婭帶給你的生活雖然很安逸，但那只是享樂；我帶給你的生活雖然沉重，但是卻很美好。」

當年，蘇格拉底將這個故事說給自己的學生聽時，並沒有講出赫拉克勒斯最終選擇了哪一個女人，而是直接以道德指令：「你們應該選擇與阿蕾特在一起。」結束了這個故事。如果赫拉克勒斯選擇了卡吉婭，那麼他一定會活得很「喪」。在希臘文當中，卡吉婭其實就是「邪惡」的意思。

記得在一集《楊瀾訪談錄》裡，曾經罹患抑鬱症而閉關一年的搜狐總裁張朝陽，袒露了自己的心路歷程。

以前的他曾認為只要賺更多的錢，就一定可以過得更加幸福。他想換大一點的私人飛機，想更充分地享受生活。以前的他，喜歡在週末呼朋引伴去巴黎喝咖啡，或者是帶著一幫俊男美女到三亞打沙灘排球，吃燒烤、聽音樂、跳迪斯可，想幹嘛就幹嘛。

但是這種隨心所欲的輕鬆生活，並沒有讓他變得更加幸福，反而讓他變得抑鬱。套一句他自己的話來說：「我真的是什麼都有，但是我居然過得這麼痛苦。」

真正的幸福，往往源自於不斷地挑戰自己。

萬科的創始人王石，在一九九五年的時候，曾經被醫生診斷為血管瘤，面臨著隨時癱瘓的危險。但是他卻以此為契機，開始不斷挑戰自己。後來他用了三年的時間，爬了十一座雪山，兩次登頂珠峰，並且創造了六千一百公尺中國滑翔傘的最高紀錄。在挑戰自己的路上，已經六十多歲的王石樂此不疲，並且已經上癮。

而對於整日感覺自己活得很「喪」的人來說，恰恰是因為在他們的生活中缺少必要的挑戰，無法試探出自己真正的潛力，以至於喪失生活下去的意義。

在《少年 Pi 的奇幻漂流》（*Life of Pi*）電影中，Pi 曾經說：「如果沒有老虎，我根本活不到現在。正是對牠的恐懼讓我時刻保持警惕，我要滿足牠的各種需要，這讓我有事可做。」

其實，就像少年 Pi 需要一隻老虎才能存活下來一樣，我們的生活也需要必要的挑戰，才會遠離憂「喪」。

翻轉學　翻轉學系列008

高效努力

建構出線思維，打造能一直贏的心理資本

作　　者　宋曉東
總 編 輯　何玉美
編　　輯　簡孟羽
封面設計　張天薪
內文排版　顏麟驊

出版發行　采實文化事業股份有限公司
行銷企劃　陳佩宜．黃于庭．馮羿勳
業務發行　張世明．林踏欣．林坤蓉．王貞玉
國際版權　王俐雯．林冠妤
印務採購　曾玉霞
會計行政　王雅蕙．李韶婉
法律顧問　第一國際法律事務所　余淑杏律師
電子信箱　acme@acmebook.com.tw
采實官網　www.acmebook.com.tw
采實臉書　www.facebook.com/acmebook01

I S B N　978-957-8950-94-8
定　　價　320元
初版一刷　2019年3月
劃撥帳號　50148859
劃撥戶名　采實文化事業股份有限公司
104台北市中山區南京東路二段95號9樓
電話：(02)2511-9798　傳真：(02)2571-3298

國家圖書館出版品預行編目資料

高效努力：建構出線思維，打造能一直贏的心理資本／宋曉東作 -- 初版.
-- 臺北市：采實文化，2019.03
256面；14.8×21公分. --（翻轉學系列；8）
譯自：高效努力：找准奋斗的正确方式
ISBN 978-957-8950-94-8（平裝）
1. 職場成功法　2. 生活指導
494.35　108001880

原简体中文版：《高效努力：找准奋斗的正确方式》
作者：宋晓东　著
Copyright © 2018 by 天地出版社
本作品中文繁体版通过成都天鸢文化传播有限公司代理，经四川天地出版社有限公司授予采实文化事业股份有限公司独家出版发行，非经书面同意，不得以任何形式，任意重制转载。

采實出版集團
ACME PUBLISHING GROUP
版權所有，未經同意不得
重製、轉載、翻印

翻轉學

翻轉學